できる®
Microsoft 365 改訂版
Business / Enterprise 対応

清水理史 & できるシリーズ編集部

インプレス

ご購入・ご利用の前に必ずお読みください

本書は2025年2月現在の情報をもとに「Microsoft® 365」の活用方法について解説しています。本書発行後の情報については、弊社のWebページ（https://book.impress.co.jp/）などで可能な限りお知らせいたしますが、すべての情報の即時掲載ならびに、確実な解決をお約束することはできかねます。下段に記載の「本書の前提」と異なる環境の場合、または本書発行後に各サービスとアプリの機能や操作方法、画面が変更された場合、本書の掲載内容通りに操作できない可能性があります。また本書の運用により生じる、直接的、または間接的な損害について、著者ならびに弊社では一切の責任を負いかねます。あらかじめご理解、ご了承ください。

本書で紹介している内容のご質問につきましては、巻末をご参照のうえ、メールまたは封書にてお問い合わせください。電話やFAX等でのご質問には対応しておりません。また、以下のような本書の範囲を超えるご質問にはお答えできませんのでご了承ください。なお、本書の発行後に発生した利用手順やサービスの変更に関しては、お答えしかねる場合があります。

- Webサービスのアップデートによる操作手順の変更方法
- お手元の環境や業務に合わせたテンプレートの作成方法や設定方法
- 書籍に掲載している手順以外の操作により発生したエラーの対処方法

無料電子版について

本書の購入特典として、気軽に持ち歩ける電子書籍版（PDF）を以下の書籍情報ページからダウンロードできます。PDF閲覧ソフトを使えば、キーワードから知りたい情報をすぐに探せます。

▼書籍情報ページ
https://book.impress.co.jp/books/1124101103

●用語の使い方

本文中では、「Microsoft® 365」のことを「Microsoft 365」、「Microsoft® Power Automate」のことを「Power Automate」、「Microsoft® Outlook®」のことを「Outlook」、「Microsoft® OneDrive® for Business」のことを「OneDrive for Business」、「Microsoft® Teams®」のことを「Teams」、「Microsoft® Planner」のことを「Planner」、「Microsoft® Stream」のことを「Stream」、「Microsoft® Exchange」のことを「Exchange」、「Microsoft® SharePoint®」のことを「SharePoint」、「Microsoft® Excel®」のことを「Excel」、「Microsoft® Outlook®」のことを「Outlook」、「Microsoft® PowerPoint®」のことを「PowerPoint」、「Microsoft® Word」のことを「Word」と記述しています。また、本文中で使用している用語は、基本的に実際の画面に表示される名称に則っています。

●本書の前提

本書は、2025年2月時点の「Microsoft 365 Business Premium」に基づいて内容を構成しています。また、「Windows 11」がインストールされているパソコンで、インターネットに常時接続されている環境を前提に画面を再現しています。

「できる」「できるシリーズ」は、株式会社インプレスの登録商標です。「QRコード」は株式会社デンソーウェーブの登録商標です。そのほか、本書に記載されている会社名、製品名、サービス名は、一般に各開発メーカーおよびサービス提供元の登録商標または商標です。なお、本文中には™および®マークは明記していません。

Copyright © 2025 Masashi Shimizu and Impress Corporation. All rights reserved.
本書の内容はすべて、著作権法によって保護されています。著者および発行者の許可を得ず、転載、複写、複製等の利用はできません。

まえがき

「Microsoft 365」と聞くと、大企業向けの難しいサービスだと感じている人もいるかもしれません。

しかし、Microsoft 365 は、大企業だけでなく、中小規模の企業、さらには数人のオフィスや家族経営の商店などでも、業務効率化や情報漏洩対策、リモートワーク環境の整備など、多くのメリットをもたらす強力なツールです。

本書では、特に中小企業が抱える課題に焦点を当て、どのように Microsoft 365 を活用するのかを分かりやすく解説しています。

例えば、日々の業務で感じる「メールが多すぎて対応が遅れる」「社内の情報共有がスムーズにいかない」「セキュリティ対策に不安がある」といった悩みは、どの企業でも抱えている問題といえます。これらの課題を解決するために、Microsoft 365 がどのように役立つのか、具体例を交えて紹介しています。

また、中小企業が導入にあたって直面するであろう「費用対効果」「運用の負担」「技術的な不安」といった問題に対しても、イラストを活用したり、具体的な手順を画面で示したりすることで、丁寧に解説しています。

本書を通じて、皆様の組織の業務改善が進み、さらなる発展の可能性を広げることにつながれば幸いです。

2025 年 3 月　清水理史

本書の読み方

レッスンタイトル
やりたいことや知りたいことが探せるタイトルが付いています。

サブタイトル
機能名やサービス名などで調べやすくなっています。

操作手順
実際のパソコンの画面を撮影して、操作を丁寧に解説しています。

● 手順見出し

1 名前を付けて保存する

操作の内容ごとに見出しが付いています。目次で参照して探すことができます。

● 操作説明

1 [ホーム]をクリック

実際の操作を1つずつ説明しています。番号順に操作することで、一通りの手順を体験できます。

● 解説

[ホーム]をクリックしておく／ファイルが保存される

操作の前提や意味、操作結果について解説しています。

レッスン 13 Outlookに組織のメールアドレスを登録するには

メールアドレスの登録

Outlook(classic)アプリを起動して、初期設定を行いましょう。登録するのは、もちろん組織のアカウントです。管理者から通知されたMicrosoft 365のアカウントでサインインしましょう。

1 Outlook (classic)を起動する

レッスン10を参考に、Officeアプリをインストールしておく

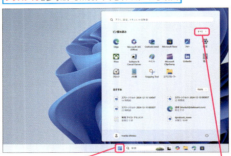

1 [スタート]をクリック　2 [すべて]をクリック

アプリの一覧が表示された

3 [Outlook (classic)]をクリック

キーワード
Outlook(classic)　P.235

使いこなしのヒント
Outlook (classic)が見当たらないときは
手順1操作3の画面で、[#]や[A]などの見出しをクリックすると、頭文字でアプリを検索できます。[O]を選択すれば、Outlook (classic)を見つけやすくなります。それでもアプリが見つからないときは、Officeアプリがインストールされていない可能性があります。レッスン10を参考に再インストールしましょう。

時短ワザ
[スタート]にピン留めしておこう
Outlook (classic)は、日常業務に頻繁に利用するアプリです。毎回、[スタート]-[すべて]をクリックして一覧から起動するのは面倒です。手順1操作3の画面でアイコンを右クリックし、[スタートにピン留めする]をクリックしてピン留めしておきましょう。[スタート]にピン留めした後、さらにタスクバーにピン留めすることもできます。

ここに注意
間違って[Outlook (new)]をクリックして起動したときは、アプリを終了し、改めてOutlook (classic)を起動しましょう。

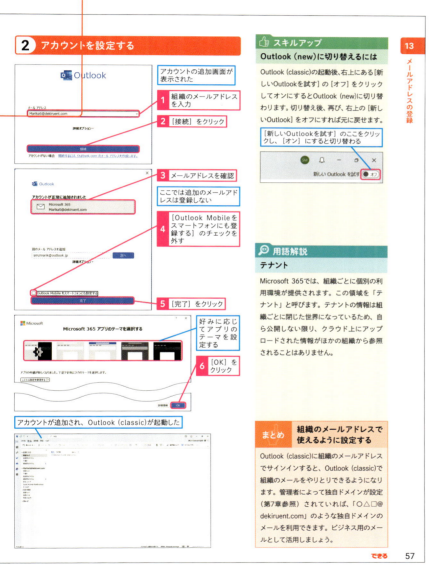

目次

ご購入・ご利用の前に必ずお読みください	2
まえがき	3
本書の読み方	4
本書の構成	14

基本編

第1章 Microsoft 365でビジネス改革　15

01 Microsoft 365で実現する新しい働き方　Introduction　16

Microsoft 365でビジネス課題を解決！
OfficeだけじゃないMicrosoft 365

02 ビジネスの課題を解決しよう　課題の解決　18

IT環境の進化に戸惑いを感じていませんか？
Microsoft 365で身近な課題から解決

03 Microsoft 365 って何？　Microsoft 365の利用　20

Microsoftが提供するビジネス向けクラウドサービス
Microsoft 365を利用するには

04 Microsoft 365で何ができるの？　Microsoft 365の機能　22

最新版のOfficeアプリを利用できる
コミュニケーションに活用できる
情報共有と共同作業ができる
便利なビジネスアプリで作業が効率的に
ユーザーやデバイスの管理をシンプルに
組織の大切な情報をより安全に

この章のまとめ　Microsoft 365で働き方が変わる　28

基本編

第2章 Microsoft 365を始めよう　29

05 契約とセットアップをしよう　Introduction　30

クラウドサービスってどう使うの？
仕事用のパソコンの環境も整えておこう
Officeアプリのインストールも忘れずに

06 Microsoft 365を導入するには　Microsoft 365の導入　32

契約とセットアップ（管理者）
Microsoft 365の利用（すべてのユーザー）

07 **Microsoft 365を申し込むには** Microsoft 365の契約 34

法人向けプランの申し込みを開始する
必要事項を入力する
ライセンス数と支払い方法を設定する
内容を確認して申し込む

08 **Microsoft 365を利用するには** 環境の確認 38

デバイスの種類とユーザーによって機能が変わる
小規模な環境ではデバイス管理は後から利用

09 **職場用のブラウザー環境を作るには** プロファイル 40

職場用のプロファイルを作成する
プロファイルの切り替えとピン留めを行う

10 **Officeアプリを使うには** Officeアプリ 44

Web版とアプリ版の2種類のOfficeを利用可能
Web版のWordを起動する
アプリ版Officeをインストールする
ライセンスを有効化する

この章のまとめ Microsoft 365を使うには準備が大切 50

活用編

第 3 章 Outlookでメールや予定、連絡先を活用しよう 51

11 **Outlook って何に使えるの？** Introduction 52

仕事用のOutlook環境を整えよう
ビジネス向けの機能も充実
スケジュールやタスクの管理もおまかせ

12 **Outlookアプリの違いを確認しよう** Outlookアプリ 54

Outlook (classic)とOutlook (new)
互換性重視のclassicと進化するnew

13 **Outlookに組織のメールアドレスを登録するには** メールアドレスの登録 56

Outlook (classic)を起動する
アカウントを設定する

14 **Outlookを使うには** Outlookの画面構成 58

Outlook (classic)の画面構成
メール作成画面
予定表画面

15 **Outlookでメールを送受信するには** メールの送受信 60

新しいメールは自動的に受信される
手動でメールを受信する
メールを送信する
送信済みメールを確認する

できる 7

16 問い合わせ用メールアドレスを作るには 共有メールボックス 64

共有メールボックスって何？
共有メールボックスを作成する
送信済みアイテムを保存できるようにする
共有メールボックスを利用する
Web版のOutlookで共有メールボックスを使用する

17 Outlookで予定を管理するには 予定表 70

予定表を表示する
新しい予定を登録する

18 会議室のスケジュールを調整するには スケジュールアシスタント 72

スケジュールアシスタントとは
新しい会議を作成する
スケジュールアシスタントを設定する
会議の時間を確保する

19 連絡先を利用するには 連絡先 76

個人用の連絡先を登録する
組織の連絡先を参照する

20 一斉配信用のリストを作るには 連絡先グループ 78

連絡先グループを作成する

21 タスクを管理するには タスク 80

新しいタスクを登録する

この章のまとめ **Outlookだけでも業務改革を実現できる** 82

活用編

第 **4** 章 **Teamsでコミュニケーションしよう** 83

22 Teams って何？ Introduction 84

Teamsで新しい働き方を実現しよう
「チーム」や「チャネル」について知っておこう
チャットやビデオ会議を使ってみよう

23 チームとチャネルとは Teamsの概要 86

チームとチャネルの使い分け
作成と運用のルールが必要

24 Teamsを契約するには ライセンス 88

大企業向けのMicrosoft 365では別契約になる
ライセンスを購入する
ライセンスを割り当てる

25 Teamsを使うには 画面構成、初期設定 90

Teamsの画面を確認しよう
組織のアカウントでサインインする
Teamsの初期設定をする

8 できる

26 チームを作成するには　チームの作成　94

チームの作成を開始する
チームの情報を入力する
メンバーを追加する
ほかのチームに参加する

27 チャネルを作成するには　チャネルの作成　98

チャネルの作成を開始する
チャネル名などを設定する
チャネルの権限を変更する

28 チームでコミュニケーションするには　メッセージ、アナウンス　102

メッセージを確認する
メッセージに返信する
新しい投稿を開始する
アナウンスを投稿する

29 いろいろな情報を投稿するには　ファイル投稿　106

返信メッセージにファイルを添付する
投稿されたファイルを確認する

30 オンライン会議をするには　新しい会議　108

会議の予定を登録して開催する
会議に参加する
外部ユーザーの参加を許可する

31 会議の機能を活用するには　レコーディング、共有、チャット　112

会議をレコーディングする
画面を共有する
会議中にチャットする
会議を終了する
レコーディングを確認する

32 チームで会議を開始するには　会議のスケジュール設定　116

チャネルに会議の開催を投稿する
チャネルに投稿された会議に参加する

33 直接コミュニケーションするには　チャット　118

新しいチャットを開始する
チャットからビデオ通話を開始する

34 アプリを追加するには　アプリの追加　120

個人用のアプリを追加する
アプリが追加できた
チャネルで共有するアプリを追加する
チャネルにアプリが追加された

この章のまとめ 連絡や業務に欠かせないメインのビジネスツール　124

活用編

第5章 組織で情報を共有するには 125

35 組織のファイル共有とは Introduction 126

クラウドとファイルを同期するってどういうこと？
ファイル共有にも活用できる
組織での共有にはSharePointを活用

36 ファイルの管理方法 ファイル管理 128

OneDrive for Businessは個人データ向け
SharePointはチームのデータ向け
いろいろな方法でアクセスできる

37 OneDrive for Businessを利用するには OneDrive for Business 130

ブラウザーでアクセスする
OneDrive for Businessとアプリを同期する
OneDriveの同期が有効になった

38 ファイルを共有するには リンクの共有 134

OneDrive上のファイルを共有する
リンクを貼り付けて共有する

39 共同作業をするには 共同編集 136

ファイルを共有する
共同編集に参加する

40 SharePointにアクセスするには SharePointでのファイル共有 140

ブラウザーでSharePointにアクセスする
ファイルをアップロードする
Teamsからファイルを参照する

41 SharePointのファイルを同期するには SharePointの同期 144

SharePointとの同期設定をする
エクスプローラーからアクセスする
同期の設定を確認する
同期を停止する

42 チームサイトを編集するには チームサイト 148

新しいページを公開する
ページが公開できた

43 削除したファイルを戻すには ファイル復元 150

ごみ箱からファイルを復元する
ファイルを以前の状態に戻す
SharePointのドキュメントを復元する

この章のまとめ ファイルや情報を効率的に共有できる 154

活用編

第 6 章 業務にアプリを活用しよう　155

44 業務アプリって何？ Introduction　156

Excel業務を置き換えられるLists
イベント開催やアンケート収集に役立つForms
アプリやサービスを連携させて自動化するPower Automate

45 Lists って何？ Listsの概要　158

情報を保存・編集・共有できるLists
3つの場所から使える
いろいろなアプリを作れる

46 資産管理アプリを追加してみよう アプリ作成　160

TeamsからListsを利用する
新しいリストを作成する
追加したアプリを利用する

47 Forms って何？ Formsの概要　164

情報を収集・集計できるWebフォーム
はじめてでも簡単に作れる
自動的に回答を集計できる

48 申し込みフォームを作ってみよう フォーム作成　166

フォームを作成する
フォームを編集する
フォームのプレビューを確認する

49 集計結果を見てみよう 集計結果の確認　170

フォームを送信する
結果を確認する

50 Power Automate って何？ Power Automateの概要　172

業務でよくある課題
Power Automateを利用すると

51 フローを作ってみよう フロー作成　174

テンプレートを選択する
フローを作成する

この章のまとめ テンプレートや学習コンテンツを活用しよう　176

できる　11

活用編

第 7 章 Microsoft 365を管理しよう　　177

52 Microsoft 365の管理について　Introduction　178

管理者に必要な作業内容を確認しよう
まずは初期設定。カスタムドメイン設定を忘れずに
ユーザーやグループを登録しておこう

53 Microsoft 365をセットアップするには　カスタムドメイン設定　180

管理センターにアクセスする
初期設定で必要な項目を確認する
カスタムドメインの設定について
カスタムドメインの設定を開始する
TXTレコードを表示する
プロバイダー画面でTXTレコードを登録する
TXTレコードを確認する
プロバイダー画面でExchange用レコードを追加する
デバイス管理用のレコードを確認する
すべてのレコードを確認して設定を適用する
カスタムドメイン設定を完了する
登録済みユーザーのドメインを一括で変更する

54 Microsoft 365にユーザーを追加するには　ユーザーの追加　192

ユーザーの追加を開始する
ユーザー情報を設定する
管理権限を設定する

55 Microsoft 365にグループを追加するには　グループの追加　196

グループを作成する
グループの所有者を追加する
メンバーを追加する
メールアドレスを設定する

56 会議室を追加するには　リソース　200

会議室と備品の追加を開始する
リソースの情報を設定する

57 セルフパスワードリセットを設定するには　パスワードリセット　202

[パスワードリセット] 画面を表示する
設定を有効化する

58 利用状況を確認するには　稼働状況の確認　204

契約中の製品や請求を確認する
Microsoft 365の利用状況を確認する
Microsoft 365のサービス稼働状況を確認する

この章のまとめ　慣れれば管理作業は簡単　206

活用編

第 8 章 高度な管理機能を活用しよう 207

59 高度な管理機能について Introduction 208

Windowsの更新タイミングを組織に合わせて調整する
アプリの自動配布でインストールの手間を省く
組織のメンバー以外がファイルを開けないように機密情報を保護する

60 デバイスを管理するには Intuneでのデバイス管理 210

デバイスをIntuneに登録する
組織のアカウントでサインインする
パソコンに組織のアカウントでサインインする
組織のアカウントで初期設定をする
登録されたデバイスを確認する

61 Windowsの更新を管理するには 更新リングの設定 216

更新設定の登録を開始する
Windowsの更新リングを作成する
管理対象を選択する
デバイスの設定を確認する
ポリシーを手動で同期する

62 アプリを自動的にインストールするには インストール管理 220

配布するアプリの種類を選ぶ
配布するアプリの設定を行う
割り当て先を設定する
自動インストールを確認する

63 組織の情報を保護するには 秘密度ラベル 224

秘密度ラベルの設定を開始する
秘密度ラベルの範囲を設定する
設定を確認して適用する
公開ポリシーを設定する
公開ポリシーに名前を付けて送信する

64 Office文書に秘密度ラベルを設定するには 秘密度ラベルの利用 230

秘密度ラベルで文書を保護する
秘密度ラベルが設定された文書を開く

65 Copilotを利用するには Copilot 232

Microsoft 365 Copilot って何？
Microsoft 365 Copilotを利用する

この章のまとめ 管理の手間を減らす工夫をしよう 234

用語集	235
索引	238

本書の構成

本書はMicrosoft 365 Business / Enterpriseの概要を学べる「基本編」、便利な操作手順をバリエーション豊かにそろえた「活用編」の2部で、基礎から応用まで無理なく身に付くように構成されています。

基本編 第1章～第2章

Microsoft 365の基礎知識に加え、その始め方、Microsoft 365 Business / Enterpriseの利用で変わる働き方を解説します。ビジネスのどこに課題があるのか、その解決にMicrosoft 365をどのように活用するのかを学習できます。

活用編 第3章～第8章

Outlookを使ったメールやスケジュール管理、Teamsによるコミュニケーション、OneDriveによるファイル共有など、ビジネスに役立つ機能の具体的な使い方を解説します。必要な機能について読んで実際に操作することで学びが深まります。

用語集・索引

重要なキーワードを解説した用語集、知りたいことから調べられる索引を収録しています。基本編、活用編と連動させることで、Microsoft365 Business / Enterpriseについての理解がさらに深まります。

登場人物紹介

Microsoft 365 Business/Enterpriseを皆さんと一緒に学ぶ生徒と先生を紹介します。各章の冒頭にある「イントロダクション」で登場します。それぞれの学ぶ内容や、重要なポイントを説明していますので、ぜひご参照ください。

前野ユキト（まえのゆきと）
突然、社内のIT担当を任された若手社会人。仕事の経験は少ないが、教わったことをコツコツと取り組む努力家。週末のソロキャンプで緑に囲まれて過ごすのが好き。

後藤アイ（ごとうあい）
ユキトの先輩社員。何ごとも動じない落ち着いた性格で、周囲からの信頼も厚い。ユキトのよき相談相手。体を動かすのが好きで、最近はピラティスにはまっている。

BE先生（びーいーせんせい）
Microsoft 365 Business / Enterpriseをマスターし、その素晴らしさを広めている先生。基礎から応用まで幅広く活用できるMicrosoft 365の疑問に答える。企業の業務改善や安全なリモートワーク環境を整備するために、日々奮闘中。

基本編

第1章

Microsoft 365で
ビジネス改革

Microsoft 365は、Officeアプリやメール、コミュニケーション、情報共有など、ビジネスシーンに欠かせないツールをまとめて提供するクラウドサービスです。Microsoft 365で、組織のビジネスや従業員の働き方がどう変わるのかを見てみましょう。

01	Microsoft 365で実現する新しい働き方	16
02	ビジネスの課題を解決しよう	18
03	Microsoft 365 って何？	20
04	Microsoft 365で何ができるの？	22

レッスン 01

Introduction この章で学ぶこと

Microsoft 365で実現する新しい働き方

Microsoft 365とはどのようなサービスなのでしょうか？「オンライン版のOffice」「コミュニケーションツール」「情報共有の場」など、いろいろな見方ができるMicrosoft 365の正体に迫ってみましょう。

Microsoft 365でビジネス課題を解決！

IT担当に任命されたけれど、「DX」とか「AI」とか、いろいろありすぎて、一体、何から始めればいいのか……。

大変そうですね。でも、あまり流行を追いすぎない方がいいかもしれませんよ。

そうだね。まずは、身近な課題を考えてみることが大切だよ。

身近な課題ですか？ うーん……。

例えば、メールが多すぎるとか、稟議に時間がかかるとか、何か困っていることはないかな？

そういえば、メールだと社内の連絡に意外に時間がかかり困っています。連絡ミスも多いし……。

そういう課題の解決こそ、クラウドサービスのMicrosoft 365がおすすめだよ。

OfficeだけじゃないMicrosoft 365

Microsoft 365って、WordとかExcelとかのOfficeアプリですよね？

それもMicrosoft 365の一面だね。でも、それだけじゃないんだ。チャットやビデオ会議、ファイル共有、イントラネット、プロジェクト管理、業務アプリなど、いろいろなビジネスシーンで使えるんだよ。

ビジネスシーンに必要なアプリを利用できるMicrosoft 365

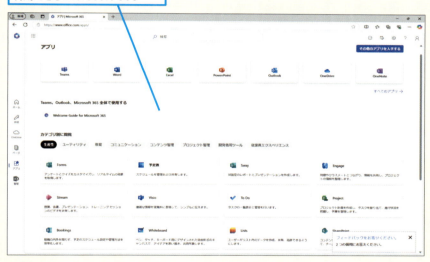

へー、それは知りませんでした。

もっと、何に使えるのか、どう便利なのか知りたいです！

では、Microsoft 365で何ができるのか、どんなビジネスの課題を解決できるのかを見てみよう。

レッスン 02 ビジネスの課題を解決しよう

課題の解決

ビジネスの課題をどう解決すればいいのかに悩んでいませんか？広い視点でITの進化を追うことも大切ですが、バズワードに惑わされず、まずは身の回りにある課題と向き合うことから始めましょう。

キーワード

Microsoft 365 Copilot	P.235
Zero-Trust	P.236

使いこなしのヒント

必ずしもトレンドを追う必要はない

どのIT技術を導入するかは、組織の規模や環境、業種などによって異なります。このため、トレンドになっているIT技術をすべて理解する必要はありません。自社の課題を解決するためにどの技術を使えばいいのかを判断できるレベルで、広く情報を収集しておくといいでしょう。

IT環境の進化に戸惑いを感じていませんか？

「DX」が叫ばれていたかと思えば、いつの間にか「AI」一色になり、「リモートワーク」がすっかり当たり前になって、「Zero-Trust」がどうなったのかも分からなくなってしまった……。そんな目まぐるしくバズワードが変わるITの進化に戸惑いを感じている人も少なくないことでしょう。こうした状況の中、注目が高まっているのがマイクロソフトのクラウドサービスのMicrosoft 365です。ビジネスシーンに必要な最新のサービスをまとめて提供することで、ITトレンドをカバーしつつ、身近な業務課題の解決にITを活用できます。

用語解説

AI

AIは、Artificial Intelligenceの略で、人工知能と訳されます。IT分野では、古くから研究されてきた技術ですが、近年注目されているのは生成AI（Generative AI）という文章や画像を生成できる技術です。例えば、「自社製品の○○のスペック表を参考に、教育分野に応用する新規事業の企画書を作って」のように依頼することで、企画書の下書きを自動的に作ることなどができます。

Microsoft 365で身近な課題から解決

ビジネスの課題を解決するには、身近な課題に置き換えて考えることが大切です。例えば、「今どき紙に手書きで……」などと感じるような古い慣習的な仕事、時間と労力ばかりかかる作業、コミュニケーションミスも少なくない非効率的な連絡手段などがあるはずです。Microsoft 365は、こうした身近な課題を解決できるクラウドサービスです。Microsoft 365というと、「クラウド版のOffice」という印象が強いかもしれませんが、それはMicrosoft 365の一面にすぎません。ビジネスに必要な多様なサービスが融合したクラウドサービスで、情報共有やコミュニケーション、システム管理、最新のAIなど、さまざまな用途に活用できます。

- ・手書きの業務がまだ残っている
- ・必要なデータの場所が分かりにくい
- ・部署間のデータが手渡し、手入力
- ・稟議や承認に時間がかかりすぎる

- ・メールが多すぎて処理しきれない
- ・電話での連絡ミスが多い
- ・オフィスに行かないと仕事ができない
- ・上司や同僚に気軽に相談したい
- ・チームの連携が思うようにいかない
- ・在宅勤務ってどうやるの?
- ・社内ポータルが機能していない

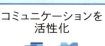

- ・サービスごとにIDやパスワードが変わる
- ・Windowsが最新かどうか分からない
- ・セキュリティ対策ソフトが期限切れ
- ・情報漏洩対策を何もしていない
- ・パソコンやソフトが管理されず無法地帯

- ・AIって何?
- ・AIを仕事に使って大丈夫?
- ・著作権は?
- ・そもそも仕事でどう使う?

使いこなしのヒント
生成AI導入の準備を始めよう

生成AIの導入はまだ先だと考えている場合でも、その準備をしておくことは大切です。生成AIは学習済みの知識だけでは間違った回答することがあるため、実務で生成AIを活用する場合は、社内文書などを知識として生成AIに与えて回答させるのが一般的です。つまり、紙の文書をデジタル化したり、社員のパソコンの中にしかないデータを共有したりと、人だけでなく、AIもデータを活用できる環境を整える必要があります。Microsoft 365は、Copilot向けにAIを想定したデータ基盤として設計されているため、Microsoft 365を普段から利用することで、自然とAI用のデータ基盤を整える準備にもつながります。

ここに注意

生成AIであるMicrosoft 365 Copilotは、Microsoft 365に標準では含まれていません。Microsoft 365のアドオンとして追加する有料プランとなっています。

まとめ　課題解決と最新IT整備を同時に実現

IT環境の整備や改善に迷ったら、はじめにMicrosoft 365の導入を検討するといいでしょう。Officeアプリだけでなく、情報共有やコミュニケーションなどに役立つ最新のツールがまとめて提供されるため、身近な課題を解決するのに活用できるうえ、誰でも簡単に最新のトレンドに合ったIT環境を整備できます。クラウド版のOfficeという側面だけでなく、ビジネス課題を解決するソリューションと考えるといいでしょう。

レッスン 03 Microsoft 365 って何?

Microsoft 365の利用

Microsoft 365について、もっと詳しく見てみましょう。どのようなサービスなのか？ 費用はどれくらいかるのか？ 実際にMicrosoft 365を導入するうえでのポイントを解説します。

Microsoftが提供するビジネス向けクラウドサービス

Microsoft 365は、ビジネスシーンで必要とされるITサービスがまとめて提供されるクラウドサービスです。WordやExcelといったOfficeアプリを利用できるのはもちろんのこと、組織向けのメール環境であるExchange、コミュニケーションツールであるTeams、情報共有のためのSharePoint、クラウドストレージのOneDriveなどが利用できます。また、管理機能として、ID管理のためのEntra ID（エントラ アイディー）、デバイス管理のためのIntune（インチューン）、セキュリティ機能のDefender、データ保護のためのPurview（パービュー）なども提供されます。

キーワード

クラウド	P.236
テナント	P.237

使いこなしのヒント
クラウドサービスのメリット

クラウドサービスのMicrosoft 365は、インターネット接続さえ確保できれば利用できます。サーバーなど特別な機材を購入したり管理したりする必要はなく、どこからでもサービスを利用できます。また、マイクロソフトによって自動的にサービスが更新されるため、常に最新の状態で、安全に利用でき、新機能も定期的に追加されます。

使いこなしのヒント
最初はクラウド版のOfficeとして使うのも有効

Microsoft 365には、さまざまなサービスが提供されていますが、シンプルにクラウド版のOfficeと割り切って使うこともできます。はじめからすべての機能を使うのではなく、最低限の設定でOfficeだけを利用することもできます。

用語解説
テナント

Microsoft 365では、組織ごとに個別の利用環境が提供されます。この領域を「テナント」と呼びます。テナントの情報は組織ごとに閉じた世界になっているため、自ら公開しない限り、クラウド上にアップロードされた情報がほかの組織から参照されることはありません。

Microsoft 365を利用するには

Microsoft 365には、組織の規模や用途によってさまざまなプランが用意されています。法人向けとして一般的なのは、以下の3つのプランです。一般法人向けのMicrosoft 365 Business Premiumは、Teamsも含め必要な機能がほとんど利用可能です。大企業向けのMicrosoft 365 E3 / E5は、Business Premiumよりメール容量などが大きく、高度な管理機能・セキュリティ機能が利用可能ですが、Teamsが別契約になる点に注意が必要です。

●一般法人向け（300ユーザーまで）

Microsoft 365 Business Premium

3,298円@ユーザー /月（税抜き：年間サブスクリプション - 自動更新）

Office アプリ	ストレージ 1TB	メール 50GB	Teams
基本的な ID管理	基本的な 脅威対策	基本的な 情報統制対策	

●大企業向け（ユーザー数制限なし）

Microsoft 365 E3

5,059円@ユーザー /月相当（税抜き・年間契約・年払い）

Office アプリ	ストレージ 1TB（5TB）	メール 100GB	Teams 別契約
基本的な ID管理	基本的な 脅威対策	基本的な 情報統制対策	

Microsoft 365 E5

8,208円@ユーザー /月相当（税抜き・年間契約・年払い）

Office アプリ	ストレージ 1TB（5TB）	メール 100GB	Teams 別契約
基本的な ID管理	高度な 脅威対策	高度な情報 統制対策	BI ツール

💡 使いこなしのヒント
独自ドメインでメールをやり取りできる

メールアドレスやWebページのために独自ドメインを取得している組織では、そのドメインをMicrosoft 365のメールやサインイン用のユーザー名として利用できます。管理機能やドメインの設定方法は、第7章で解説します。

👍 スキルアップ
Business Standardは?

Microsoft 365の中には、Microsoft 365 Business Standardという低価格のプランも用意されています。Officeアプリとメール、SharePointの利用が可能ですが、高度なID管理やデバイス管理機能が利用できません。

⚠ ここに注意

Microsoft 365のサービス内容や料金は更新されることがあります。記載の料金はは2025年2月時点の情報に基づいているので、以下のWebページで最新情報を確認しましょう。

▼Microsoft 365
https://www.microsoft.com/ja-jp/microsoft-365

👆 まとめ　一般的な組織では Business Premiumを

最大ユーザー数が300名までに制限されますが、一般的な組織であればMicrosoft 365 Business Premiumの利用を検討するといいでしょう。Microsoft 365のほとんどの機能を使えて、組織に必要なID管理、デバイス管理、セキュリティ対策、ガバナンス対策なども利用できます。プランにTeamsも含まれ、費用的にもお得です。

レッスン 04 Microsoft 365で何ができるの?

Microsoft 365の機能

Microsoft 365で使える機能を具体的に見ていきましょう。利用できる機能は、「Office」「コミュニケーション」「情報共有」「ビジネスアプリ」「管理機能」「セキュリティ機能」の分類ごとにたくさん用意されています。

キーワード

Microsoft 365 Apps	P.235
共同作業	P.236
デバイス管理	P.237

最新版のOfficeアプリを利用できる

Microsoft 365では、WordやExcelなどのOfficeアプリを利用できます。アプリ版、Web版、スマートフォン版と複数の環境で利用可能なうえ、Windows向けだけでなくMac用も利用できます。また、個人ユーザー向けのOfficeアプリは、開発された年までの機能しか搭載されていませんが、Microsoft 365では定期的な更新によって常に最新の機能を利用できます。便利な機能によって生産性を向上させることが可能です。

スキルアップ

Visio Webアプリも利用できる

Microsoft 365では、図やフローチャートを作成できるVisio Webアプリも利用できます。ネットワーク図などの専門的な図の作成には有料プランが必要ですが、一般的な図であればブラウザーで手軽に作成できます。

●Officeアプリ

- ビジネス文書の作成
- 文書校正
- データ集計
- プレゼン資料作成
- Webブラウザーでの閲覧・編集
- スマートフォンでの閲覧・編集
- Windows、Mac、iOS、Android対応
- 利用可能なOfficeアプリ
  - ■ Word
  - ■ Excel
  - ■ PowerPoint
  - ■ OneNote
  - ■ Outlook
  - ■ Teams
  - ■ Access（Windowsのみ）
  - ■ Publisher（Windowsのみ）

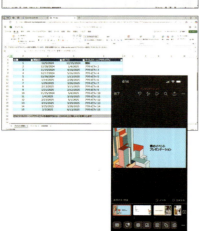

使いこなしのヒント

複数台のパソコンにインストール可能

Microsoft 365の場合は、1ユーザーあたり最大5台のパソコンにデスクトップ版のOfficeアプリをインストール可能です。このため、組織のアカウントに割り当てられたライセンスを利用して、個人所有のパソコンにOfficeアプリをインストールすることもできます。

コミュニケーションに活用できる

Microsoft 365には、複数のコミュニケーションツールが用意されています。一般的な連絡用のメールはもちろんのこと、チャットやビデオ会議が可能なTeamsを利用可能です。また、SharePointを利用してイントラネットを構築し、全社向けの情報やプロジェクトごとの情報を発信することもできます。

●メール

- 独自ドメインでのメール送受信
- 予定表管理
- タスク管理
- ユーザー／グループ管理
- メール追跡
- レポート

●チャット／会議

- 1対1またはグループでのチャット
- ビデオ会議の開催
- 外部協力者の招待
- ウェビナー、イベント開催

●イントラネット

- 全社サイトの公開
- プロジェクトごとのチームサイトの作成

使いこなしのヒント
主流になりつつあるTeams

組織のコミュニケーション手段の主流は、従来のメールからチャットやビデオ会議に変化しつつあります。特に部署やプロジェクト単位でのコミュニケーションはTeamsが便利です。チャットだけでなく、ファイルを共有したり、タスクを管理したりできるので、仮想的なワークスペースとして活用できます。

時短ワザ
電話の置き換えもできる

Teamsを活用すると、組織で利用している電話環境も見直すことができます。電話での通話に代わり、チャットやビデオ会議に変更可能ですが、Teams電話を利用すると、外線通話、代表番号、内線、転送などの機能も利用できます。組織で利用しているPBXをクラウド電話に置き換えることができます。

情報共有と共同作業ができる

Microsoft 365は、組織の情報を蓄えたり、共有したりするプラットフォームとしても活用できます。OneDriveでクラウドにデータを保管したり、SharePointでチーム内の文書を共有したりして、旧来のファイルサーバーからの置き換えが可能です。また、Plannerでタスクやプロジェクトの進行を管理したり、新しいツールのLoopを利用してメモなどの小さなコンポーネントをさまざまなアプリで横断的に共有したりするのも可能です。

●オンラインストレージ

- 個人ファイル保管
- バックアップ
- ファイルの外部共有
- 社内規則や社内手続きなどの全社向け文書の共有
- チームやプロジェクトの文書共有

●プロジェクト管理

- プロジェクト管理
- 開発管理
- ビジネス計画
- オンボーディング

●共有コンポーネント

- さまざまなアプリ内で状況共有
- 同時編集可能な共同作業
- 情報整理
- プロジェクト作業

👍 スキルアップ
インサイト情報の共有もできる

Microsoft 365ではMicrosoft Vivaという従業員エンゲージメントの機能も利用できます。例えば、サービスの利用状況からユーザーの統計情報を取得することで、上司と部下の面談（ビデオ会議）が足りているかを判断したり、従業員が毎日の気分を記録することで自分と向き合う機会を提供したりできます。また、従業員に学ぶ機会を提供するなど、離職率の低下を図る機能も利用できます。

💡 使いこなしのヒント
個人用のOneDriveと何が違うの？

Microsoft 365におけるOneDriveの最大の特徴は、組織としてユーザーのアカウントを管理できることです。例えば、管理者が退職したユーザーのOneDrive領域を削除できます。SharePointのデータも同期でき、これにより、グループやプロジェクト単位で共有しているデータを同期して、ファイルサーバーの共有フォルダーのようにパソコン上で扱えるようになります。

便利なビジネスアプリで作業が効率的に

Microsoft 365には、便利なビジネスアプリが多数用意されています。例えば、Formsを使ってアンケートをとったり、Listsを使って資産管理やワークフローなどの簡単なアプリを作ったりできます。このほか、自社アプリの作成やRPAに利用できるPower AppsやPower Automate、動画編集や配信に利用できるClip ChampやStreamを利用できます。

🔼 スキルアップ
Microsoft 365 E5なら Power BIも使える

大企業向けの上位プランとなるMicrosoft 365 E5では、高度な情報分析ができるPower BIも利用可能です。企業の業績の可視化や売上データの分析など本格的なデータ分析が可能です。

●アンケート集計

・フィードバック
・出欠登録
・リサーチ
・クイズ

●業務アプリ作成

・Excelの代替え
・資産管理
・出張申請ワークフロー

●アプリ／自動化

・ビジネスアプリの作成
・ワークフロー自動化

📖 用語解説
RPA

RPAは、Robotic Process Automationの頭文字をとったもので、ロボットによる処理の自動化を実現する技術です。Microsoft 365では、Power AutomateやPower Automate DesktopがRPAとしても利用できます。コードを記述することなく、クラウド上の処理やデスクトップの処理を作成し、データ処理やアプリ操作などを自動化できます。

●動画配信

・動画編集
・動画共有

ユーザーやデバイスの管理をシンプルに

Microsoft 365は、Webページとして用意されている管理センターを使うことで、さまざまな機能を統合的に管理できます。また、ID管理機能のEntra IDによって、組織内に認証用のサーバーを設置しなくてもユーザーIDやパスワード、グループを管理できます。さらにIntuneによってパソコンやモバイルデバイスを管理可能で、組織向けの設定を自動的に適用したり、ソフトウェアを自動的に配布したりできます。

●管理画面

・統合された管理画面
・Webブラウザーからの管理

●アカウント管理

・ユーザーアカウント管理
・セキュリティグループ管理
・役割による管理

●デバイス管理

・デバイス管理（インベントリ）
・リモート消去
・デバイス自動構成
・ソフトウェア配布

使いこなしのヒント
高い稼働率が魅力

Microsoft 365は、クラウドサービスとして高い稼働率を誇るサービスです。アップタイム99％が保証され、万が一の障害の際には返金制度も利用できます。組織でサーバーを管理する場合よりも、安定して業務に活用できるでしょう。

使いこなしのヒント
コストを計算しやすい

Microsoft 365の利用にかかるコストは、ユーザー単位の料金だけとなります。このため、利用者の人数さえ分かればコストを簡単に計算できます。自社でハードウェアやソフトウェアを管理する場合と違い、導入時の費用やメンテナンスのための費用、更新費用などを考慮することなく、シンプルに予算を検討できます。

スキルアップ
法人向けのWindows 11を利用可能

Microsoft 365 E3 / E5では、法人向けのWindows 11 Enterpriseのライセンスを利用できます。一般的なWindows 11 Proとの違いは、高度なセキュリティ機能や管理機能が利用できる点です。なお、家庭用のWindows 11 HomeでもMicrosoft 365のアプリやサービスを利用できますが、Intuneによるデバイス管理機能などの一部の機能が利用できません。デバイス管理機能が必要な場合はWindows 11 Proを利用しましょう。

組織の大切な情報をより安全に

Microsoft 365のセキュリティ機能を活用すると、組織の大切な情報を保護できます。パソコンをマルウェアやランサムウェアから保護するMicrosoft 365 Defenderを利用できるうえ、ポリシーを使ってパスワードの長さや多要素認証の設定などを強制できます。また、情報保護機能のPurviewを利用して、機密情報の文書にラベルを付けたり、第三者がファイルを開けないように制限したりできます。

●セキュリティ管理

・組織の対策状況管理
・インシデントや脆弱性の通知
・ウイルス対策ポリシー
・ファイアウォールポリシー

●組織のポリシー

・セッションのタイムアウト
・セルフパスワードリセット
・パスワード有効期限
・組織外のユーザーとの共有

●データの保護・管理

・秘密度ラベル
・電子透かし
・データ損失防止

使いこなしのヒント
サポートも利用できる

Microsoft 365では充実したサポートも利用できます。インストール、セットアップ、構成、一般的な使い方について電話とオンラインでのサポートを受けられます。また、豊富なドキュメントや学習コンテンツも用意されています。

スキルアップ
Microsoft 365 E5では高度なセキュリティを利用可能

大企業向けのMicrosoft 365 E5では、管理機能やセキュリティ機能が強化されています。例えば、Microsoft Defender for Office 365によって、メールにリンクされたサイトやファイルの安全性を確認したりできます。標的型攻撃と呼ばれる、組織でやり取りされているメールに見せかけて不正なサイトに誘導する高度な攻撃にも対応できます。

まとめ
ビジネスに必要な機能が詰まっている

Microsoft 365には、Officeアプリだけでなく、ビジネスシーンに必要な基本的なサービス、管理機能、セキュリティ対策が詰まっています。Microsoft 365さえあれば、あれこれサービスを使い分けなくても、組織のIT環境を最新のレベルに引き上げることができるでしょう。IT環境の整備に迷ったときは、Microsoft 365の導入から検討することをおすすめします。

この章のまとめ

Microsoft 365で働き方が変わる

Microsoft 365は、組織に必要なIT技術をワンストップで提供するクラウドサービスです。Microsoft 365があれば、リモートワークの実現や組織内コミュニケーションの活性化、データを基にした経営判断、効率的で安全なパソコン環境など、さまざまなことを簡単に実現できます。組織の経営者やIT担当者だけでなく、現場の従業員の働き方も変わることで組織全体にメリットが生まれることでしょう。この機会にMicrosoft 365の導入を検討しましょう。

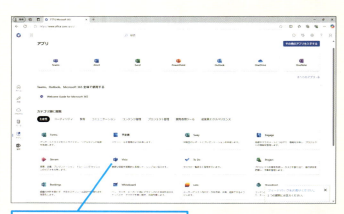

Microsoft 365でビジネスの課題を解決し、働き方が変わる

Microsoft 365っていろいろなことができるんですね。これだけで解決できる課題も多そうです。

管理機能やセキュリティ機能も便利そうですね。

Microsoft 365は、経営者にもIT担当者にも従業員にも、みんなにメリットがあるサービスだといえるよ。目の前の課題を解決するのに役立ててみよう。

基本編

第2章

Microsoft 365を始めよう

Microsoft 365を使う準備をしましょう。Microsoft 365を利用するには、契約や環境の準備、Officeアプリのインストールなどが必要です。Officeアプリやサービスを使えるようにしておきましょう。

05	契約とセットアップをしよう	30
06	Microsoft 365を導入するには	32
07	Microsoft 365を申し込むには	34
08	Microsoft 365を利用するには	38
09	職場用のブラウザー環境を作るには	40
10	Officeアプリを使うには	44

レッスン 05

Introduction この章で学ぶこと

契約とセットアップをしよう

Microsoft 365を使うための環境を整えましょう。サービスを利用するための契約が必要ことはもちろんですが、そのほかにも事前に実施しておくべき準備がいくつかあります。

基本編 第2章 Microsoft 365を始めよう

クラウドサービスってどう使うの？

さっそくMicrosoft 365を仕事に使ってみることにします！

もう準備していたんですか？　それなら、私も使ってみたいです。

準備が早いね。サービスへの申し込みやセットアップも済ませたのかな？

え!?　クラウドサービスだから、アクセスすればすぐに使えるんじゃないんですか？

個人向けのサービスは簡単に使えることもあるけれど、法人向けのMicrosoft 365は、きちんと手順を踏む必要があるんだ。

申し込みとか、初期設定ですか？

そうそう。最初の準備が肝心なんだ。どんな設定をすればいいのかをしっかり確認しておこう。

仕事用のパソコンの環境も整えておこう

Microsoft 365を使うパソコンの設定も必要ですか？

私は在宅勤務で個人のパソコンを仕事に使うこともあるんですが……。

厳密にパソコンを管理するのが理想だけれど、小規模な組織だと、そうはいかないこともある。そんなときは仕事用のブラウザー環境を作っておくのが手軽でおすすめだよ。

Officeアプリのインストールも忘れずに

Officeアプリはパソコンに標準で入っていたものを使えますか？

私のパソコンは、Officeが入っていないモデルでした。

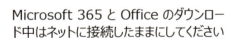

職場用のMicrosoft 365アプリをインストールして利用する

Microsoft 365から最新版のOfficeアプリをインストールできるよ。標準搭載のOfficeも組織のライセンスに切り替えておこう。

レッスン 06 Microsoft 365を導入するには

Microsoft 365の導入

Microsoft 365を使えるようにするための流れを確認しておきましょう。管理者だけが必要な操作と、すべてのユーザーが必要な操作があります。自身がやるべき操作を確認しておきましょう。

キーワード
ドメイン	P.237

使いこなしのヒント
誰が管理者になるの？

Microsoft 365では、人事異動や組織変更に伴ってユーザーの追加や削除をしたり、セキュリティ関連の設定を確認したりと、定期的な管理業務が発生します。必ずしも専門知識は必要ありませんが、ITに慣れた人の方がスムーズに管理できます。社内のIT担当者、もしくはITに興味がある人をMicrosoft 365の管理者に指名しておきましょう。

契約とセットアップ（管理者）

管理者には、組織でMicrosoft 365を使えるようにするためのさまざまな操作が必要になります。この章では契約までしか紹介しませんが、少なくとも、以下の図の濃い青の部分は最初に済ませておく必要があるので、第7章を参考に設定しておきましょう。

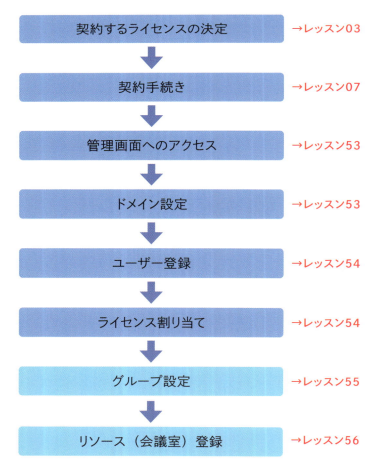

契約するライセンスの決定 →レッスン03
契約手続き →レッスン07
管理画面へのアクセス →レッスン53
ドメイン設定 →レッスン53
ユーザー登録 →レッスン54
ライセンス割り当て →レッスン54
グループ設定 →レッスン55
リソース（会議室）登録 →レッスン56

使いこなしのヒント
ドメインを用意しておこう

Microsoft 365では、組織のドメイン名（impress.co.jpなど）を利用したメール環境などを利用できます。すでにWebページなどでドメインを取得済みの場合は、そのドメイン名を利用可能です。もしも、ドメインを取得していない場合は、この機会に組織名などを使った新しいドメインを取得しておきましょう。

Microsoft 365の利用（すべてのユーザー）

ユーザーとしてMicrosoft 365を利用するための流れは以下の図のようになります。最初にブラウザーに仕事用の環境を用意し、管理者から通知された組織のユーザー名でサインインして各種サービスを利用します。Officeアプリのインストールも最初に済ませておきましょう。

●Webサービス

- SharePoint
- Lists
- Planner
- アカウント設定
- Forms
- Bookings
- ポータル
- Web版Office

●アプリ

- Word
- PowerPoint
- Teams
- Excel
- Outlook
- OneDrive

スキルアップ
スマートフォンでも利用可能

Microsoft 365はパソコンだけでなく、スマートフォンでも利用できます。スマートフォンのブラウザーでアクセスするのはもちろんのこと、スマートフォン向けのOfficeアプリをインストールして外出先で利用することもできます。

使いこなしのヒント
Web版とアプリのOfficeは何が違うの？

どちらも文書の表示や編集ができますが、細かな機能に違いがあります。例えば、Web版のWordでは描画ツールが使えなかったり、Web版のExcelではVBAマクロを実行できなかったりします。基本的にはアプリ版がすべての機能を利用できる完全版で、Web版は閲覧などを目的にした簡易版といえますが、Web版の機能強化も進んでおり、機能の差は年々縮まりつつあります。

まとめ
Microsoft 365を使う準備を整えよう

Microsoft 365を組織で使えるようにするには、事前の準備が大切です。契約手続きのほかにも、管理者にはドメインの設定やユーザー登録などの欠かせない作業があります。第7章を参考に設定を済ませておきましょう。一方、すべてのユーザーが行う準備もあります。Microsoft 365を快適に使うために欠かせない作業なので、確実に実行しておきましょう。

レッスン
07 Microsoft 365を申し込むには

Microsoft 365の契約

Microsoft 365の契約をしましょう。Microsoft 365のWebページから簡単に契約できます。ただし、クレジットカードなど決済方法の登録が必要なので、決済権限を持つ人が申し込みましょう。

🔍 キーワード

サブドメイン	P.236
ドメイン	P.237

1 法人向けプランの申し込みを開始する

1 右記のWebページにアクセス

2 画面を下にスクロール

▼Microsoft 365
https://www.microsoft.com/ja-jp/microsoft-365/business

ここでは、Microsoft 365 Business Premiumを契約する

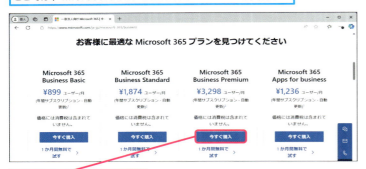

3 ［今すぐ購入］をクリック

申し込み画面が表示された

4 購入数を選択
5 期間を選択
6 請求頻度を選択

7 ［次へ］をクリック

💡 使いこなしのヒント
Enterpriseの申し込みは？

ここではMicrosoft 365 Business Premiumの申し込み方法を紹介しています。Microsoft 365 Enterpriseを利用したい場合は、以下のWebページを参照してください。Microsoft 365 Enterpriseはマイクロソフトの営業担当やパートナー経由での購入になります。

▼Microsoft 365 Enterprise
https://www.microsoft.com/ja-jp/microsoft-365/enterprise

💡 使いこなしのヒント
無料体験で利用するには

購入前に機能を試したいときは、手順1操作3で、［今すぐ購入］の代わりに［1か月無料で試す］をクリックします。事前に機能を検証したい場合に最適です。なお、継続利用しない場合は無料期間が終了する前に課金停止の手続きが必要です。

💡 使いこなしのヒント
契約期間によって価格が変わる

Microsoft 365は契約する期間によって価格が変わります。同じ月単位での請求頻度でも、サブスクリプション期間が「1か月」の契約より、「1年」の契約の方が月ごとの請求金額が安くなります。契約期間を考えてサブスクリプションを設定しましょう。

2 必要事項を入力する

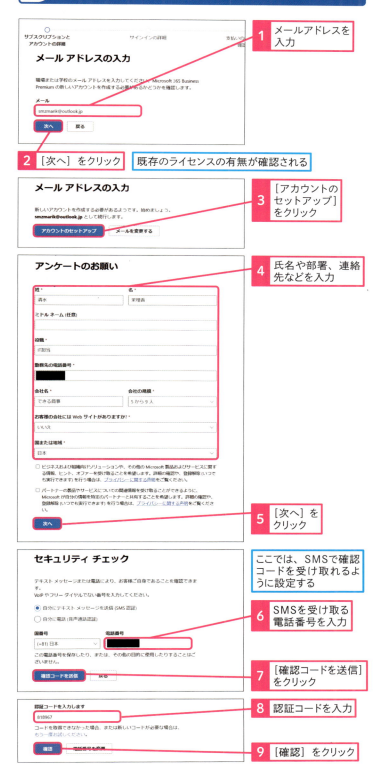

ここに注意

手順2操作1で入力したメールアドレスの組織で、過去にMicrosoft 365の契約をしたことがある場合（メールアドレスに該当する組織のテナントが残っている場合）は、管理画面に誘導されます。過去に設定した管理者アカウントを利用して管理画面にアクセスし、ライセンスを購入することで、そのテナントで再度Microsoft 365を有効化できます。

使いこなしのヒント
申込者が管理者になる

このレッスンの操作を実行すると、申し込み後に発行される組織のメールアドレスが自動的に管理者として設定されます。組織のすべての設定を変更できる権限が付与されるので、厳重に管理しましょう。

ここに注意

標準では手順2操作6の電話番号に、操作4で指定した組織の電話番号が自動的に入力されます。ここではSMSを使った本人確認が必要なので、組織の固定電話の番号ではなく、申込者のスマートフォンの番号に変更しましょう。

●ユーザー名とサブドメインを指定する

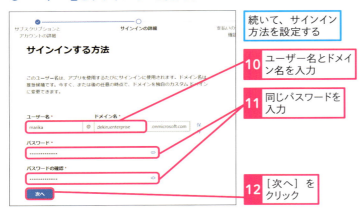

続いて、サインイン方法を設定する
10 ユーザー名とドメイン名を入力
11 同じパスワードを入力
12 ［次へ］をクリック

使いこなしのヒント
サブドメインになる

Microsoft 365では、申し込み直後の標準のドメイン名が「○△□.onmicrosoft.com」というドメイン名に設定されます。○△□のサブドメイン部分はほかの組織と重複しない限り、自由に設定できます。組織の名前などを基に設定するといいでしょう。

3 ライセンス数と支払い方法を設定する

［数量と支払い］画面が表示された
1 ライセンス数を指定
2 ［お支払い方法の追加］をクリック

スキルアップ
本来のドメイン名はいつ設定するの？

本来のドメイン名はセットアップ完了後、最初に設定するといいでしょう。第7章のレッスン53を参照して、できるだけ早く設定してください。ユーザーが利用を開始してから、ドメインを登録することもできますが、ユーザーのサインイン方法が変わるなど手間がかかるので、すみやかに設定することをおすすめします。

3 クレジットカード情報を入力
4 ［保存］をクリック

使いこなしのヒント
ライセンスの割り当ては柔軟にできる

Microsoft 365では、ライセンスを柔軟に構成できます。異なるプランを組み合わせて契約したり、入退社に合わせてライセンスを入れ替えたりすることが簡単にできます。また、初期設定では管理者用に1ライセンスだけ用意し、後でユーザー用のライセンスを追加することもできます。

4 内容を確認して申し込む

［注文内容の確認］画面が表示された

1 注文内容を確認

2 画面を下にスクロール

3 ［契約に同意して発注］をクリック

［詳細の確認］画面が表示された

4 管理者アカウントを確認

5 ［Microsoft 365 Business Premium の使用を開始する］をクリック

管理者は、第7章を参考に初期設定を実行する

使いこなしのヒント
キャンセルも可能

［今すぐ購入］で契約した場合でも、7日以内であればライセンスをキャンセルして日割りの払い戻しを受けられます。

使いこなしのヒント
管理者アカウントをメモしておこう

手順4操作4の画面で表示される管理者アカウントは、この後の管理業務を実施するために必要になります。忘れないようにメモしておきましょう。

スキルアップ
ほかの設定も済ませておこう

この章の設定だけでは、Microsoft 365の初期設定は完了しません。実際に、全従業員が業務でMicrosoft 365を使うには、第7章で解説しているドメインの設定やユーザーの登録などが必要です。読者が管理者だった場合は、第8章の設定も忘れずに済ませておきましょう。

まとめ　すぐに環境が用意される

Microsoft 365は、クラウドサービスとして提供されているため、機材の調達などは必要ありません。Webページから申し込むだけで、すぐに組織の環境（テナント）が用意されます。無料体験もできるので、気軽に申し込みをしてみましょう。

レッスン 08 Microsoft 365を利用するには

環境の確認

Microsoft 365を利用するためのパソコン環境を整えましょう。ここでは、小規模な組織でも対応できるように、Microsoft 365のサービスやOfficeアプリを安全に使うための最低限の環境を紹介します。

キーワード	
Windows 11 Pro	P.236
デバイス管理	P.237

用語解説
デバイス管理機能

デバイス管理機能とは、組織で使われているパソコンを確認したり、制御したりする機能です。登録されたパソコンの情報を資産管理に活用したり、Wi-Fiなど組織のパソコンに必要な設定を配布したり、多要素認証など必須のセキュリティ機能を強制的に適用したりできます。また、ソフトウェアを自動的に配布したり、パソコン紛失時に遠隔操作でデータを消去したりできます。Microsoft 365 Business Premium/E3/E5では、Intuneというデバイス管理機能を利用できます。

デバイスの種類とユーザーによって機能が変わる

Microsoft 365で提供される機能のうち、どの機能が使えるかは、デバイス（パソコンなど）の利用環境に左右されます。具体的には、どのデバイスを使い、どのユーザーでサインインするかによって、使えるアプリや情報保護機能、適用される設定、配布されるソフト、デバイス管理などの機能に違いが発生します。大きく違うのは、主に情報保護機能やデバイス管理機能です。理想はすべての機能を使えるようになることですが、ユーザーの利用環境によっては難しいケースもあります。

使いこなしのヒント
Windows 11 Proを利用しよう

Microsoft 365の管理機能をフルに活用するには、Windows 11 Proの搭載パソコンが必要です。法人向けパソコンを購入する際に選択できます。また、Microsoft 365に付属のOfficeアプリを利用できるため、Officeなしのパソコンを選択することもできます。

小規模な環境ではデバイス管理は後から利用

どのようなケースで違いが発生するのかを見てみましょう。理想は、組織支給のWindows 11 Pro搭載パソコンを利用することです。この場合、組織のアカウントでWindowsやOfficeアプリにサインインすることで各デバイスを完全に管理できます。

一方、在宅勤務などで個人所有のパソコンが仕事に使われることがあったり、組織支給でもWindows 11 Home搭載パソコンが使われたりする場合があります。このようなケースでは、デバイス管理機能が利用できません。ブラウザーやOfficeアプリでのみ組織のアカウントを利用して、Microsoft 365のアプリやサービスなど一部の機能のみを利用します。

サインインするユーザー	サインインするユーザー
Windows	Windows
組織のアカウント	個人のアカウント
ブラウザー /Officeアプリ	ブラウザー /Officeアプリ
組織のアカウント	組織のアカウント
→第8章	→レッスン09

- 組織のアプリ/サービス
- ラベルなどの情報保護
- ポリシーによる設定
- ソフトウェア配布

- Officeアプリやサービス
- ラベルなどの情報保護
- × ポリシーによる設定
- × ソフトウェア配布

使いこなしのヒント
プリインストールのOfficeはどうなるの？

Officeアプリでは、複数のアカウントを登録して使い分けることができます。このため、Officeアプリに個人のアカウントでサインインすれば、パソコンに付属のライセンスでOfficeアプリを利用できます。個人的な文書などを作成するときは、個人用アカウントに切り替えて利用するといいでしょう。

スキルアップ
個人所有のパソコンで組織のアカウントは使えないの？

個人所有のパソコンの場合でも、[設定]の[アカウント]にある[職場または学校にアクセスする]から組織のアカウントを追加できます。この場合、サインイン時に個人用のアカウントか組織のアカウントかを選択することで、環境を使い分けることができます。ただし、Windows 11 Homeが搭載されている場合は、デバイスの管理機能は使えません。

まとめ　デバイス管理は後で構成

本書では、Windows 11 Homeや個人所有パソコンも混在する環境を想定して、ブラウザーやOfficeアプリでのみ組織のアカウントを利用する方法を解説します。まずは、シンプルな方法でMicrosoft 365を使えるように構成しましょう。デバイス管理機能は便利ですが、条件が厳しいため、第8章を参考に将来的に構成しましょう。

レッスン
09 職場用のブラウザー環境を作るには

プロファイル

前のレッスンで解説したように、本書ではブラウザーやOfficeアプリでのみ、組織のアカウントでサインインする方法を紹介します。まずは、ブラウザーに職場用の環境を作りましょう。

キーワード	
MFA	P.235
Microsoft Edge	P.235
プロファイル	P.237

1 職場用のプロファイルを作成する

Microsoft Edgeの［プロファイル］という機能を使うと、環境ごとにサインインするユーザーやお気に入りなどのデータを切り替えることができます。仕事に使う専用のプロファイルを追加しましょう。

Microsoft Edgeを起動しておく

使いこなしのヒント
どうしてプロファイルを追加するの？

標準で設定されている個人用のプロファイルのままMicrosoft Edgeを利用すると、個人用と仕事用の環境の区別が難しくなります。履歴やお気に入りなどのデータが混在してしまうほか、Web版のOfficeにどちらのアカウントでサインインしているのかを常に意識したり、何度もサインアウトとサインインを繰り返したりする必要があります。プロファイルで環境を分けてしまえば、こうした混乱を避けられます。

1 ［個人］をクリック
2 ［その他のプロファイル］をクリック
3 ［新しい職場または学校プロファイルを設定する］をクリック

自動的にMicrosoft Edgeの新しいウィンドウが表示される

4 ［サインインしてデータを同期］をクリック

ここに注意

次ページの操作9でデバイスの管理を有効にすると、組織のポリシーが強制されたり、アプリが自動的にインストールされたりします（詳細は第8章参照）。ただし、Windows 11 Proでないと登録できないうえ、個人所有のパソコンに組織の設定を強制するのはプライバシーの問題にもなります。このため、本書では、まずアプリにのみサインインする設定を利用しています。

●Microsoft 365アカウントでサインインする

独自ドメイン設定後の管理者アカウント、またはレッスン05で作成したアカウントを使用する

5 Microsoft 365のアカウントを入力

6 ［サインイン］をクリック

7 パスワードを入力

8 ［サインイン］をクリック

個人用パソコンを使う場合、デバイスの管理を強制することはできないため、アプリのみにサインインするように設定する

9 ［組織がデバイスを管理できるようにする］のチェックマークを外す

10 ［いいえ、このアプリにのみサインインします］をクリック

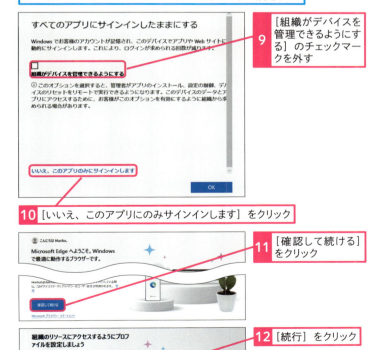

11 ［確認して続ける］をクリック

12 ［続行］をクリック

👍 スキルアップ

多要素認証（MFA）の設定が必要

手順1の操作5で、はじめて組織のアカウントでサインインすると、多要素認証のセットアップが要求されます。画面の指示に従ってセットアップしておきましょう。Microsoft 365にサインインするときも同様に、数字での認証が要求されます。

1 ［次へ］をクリック

認証アプリにアカウントを追加すると、二次元コードが表示されるので、スマートフォンで読み取る

パソコン画面に認証用コードが表示される

2 コードを確認

スマートフォンに通知が表示される

3 コードを入力

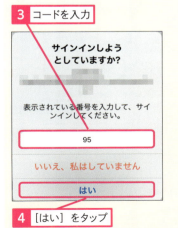

4 ［はい］をタップ

09 プロファイル

次のページに続く➡

できる 41

●スタイルを選択する

好みに合わせてブラウザーの設定を行う

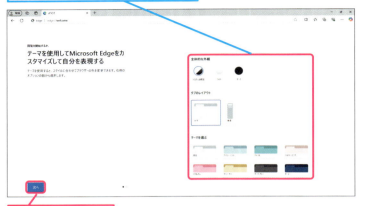

13 ［次へ］をクリック

Windowsタスクバーに表示するサイトを選択する

14 ［完了］をクリック

Microsoft Edgeが職場のプロファイルで起動した

左上に［職場］と表示されている

時短ワザ
テーマやアイコンを変えておこう

操作13の画面でブラウザーのテーマを設定すると、作成した職場用プロファイルの配色などを変更できます。個人用プロファイルの環境と色を変えることで、どちらの環境を使っているのかを区別しやすくなります。このほか、アイコンなども変更し、区別しやすくしておくといいでしょう。

使いこなしのヒント
プロファイルを確認するには

現在のプロファイルを確認したいときは、画面左上のアイコンをクリックします。［職場］などの表示とともに、サインインしているアカウントを確認できます。

1 ここをクリック

プロファイルが表示された

2 プロファイルの切り替えとピン留めを行う

作成した職場用のプロファイルは、左上のアイコンから切り替えることができます。また、タスクバーにピン留めすることですぐに起動できるようになります。

標準では個人用プロファイルでMicrosoft Edgeを起動する

1 画面左上のアイコンをクリック
2 職場のプロファイルをクリック

職場用プロファイルに切り替わった

3 職場のMicrosoft Edgeのアイコンを右クリック
4 [タスクバーにピン留めする]をクリック

職場用プロファイルがピン留めされた

◆個人用プロファイルの Microsoft Edge
個人的作業で利用する

◆職場用プロファイルの Microsoft Edge
仕事で利用する

使いこなしのヒント
ほかにも追加できる

Microsoft Edgeでは、同様の手順で複数のプロファイルを登録できます。例えば、職場のパソコンを複数人で共有する場合などは、ユーザーごとにプロファイルを作成して切り替えながら使うこともできます。

まとめ　職場用プロファイルで作業しよう

Microsoft 365を利用するときは、ここで作成した職場用のプロファイルを必ず利用しましょう。一度サインインすれば、次回から組織のアカウントで自動的にサインインできるので手間がかからないうえ、お気に入りなどのデータも個別に管理できます。ブラウザーを起動したら、まず左上のアイコンを見て、現在、どちらの環境なのかを確認することが大切です。

レッスン 10 Officeアプリを使うには

Officeアプリ

Microsoft 365で提供されるOfficeアプリを使ってみましょう。組織のアカウントでサインインすることで、職場用のWordやExcel、PowerPointなどを利用できます。

キーワード
MFA	P.235
Web版のOffice	P.236

使いこなしのヒント
Chromeでも利用できる

Web版のOfficeアプリは、Google Chromeなど別のブラウザーでも問題なく利用できます。Google Chromeにもプロファイル機能が搭載されているので、職場用のプロファイルを作成してアクセスしましょう。

Web版とアプリ版の2種類のOfficeを利用可能

パソコンでは、Web版とアプリ版の2種類のOfficeを利用できます。Web版のOfficeアプリは、職場用のプロファイルでMicrosoft 365のポータルにアクセスすると利用できます。

◆Web版のOffice
アプリがインストールされていなくても利用できる

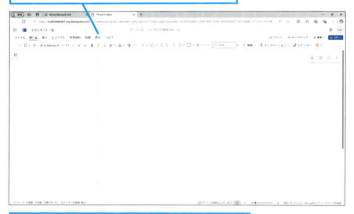

◆アプリ版のOffice
インストールが必要だが、高度な機能を利用できる

使いこなしのヒント
サインイン画面が表示されたら

次ページの手順1でサインイン画面が表示されたときは、Microsoft 365に登録されている組織のアカウントでサインインします。個人用のMicrosoftアカウントでサインインすると、Microsoft 365でラインセンスされているWeb版のOfficeアプリではなく、機能制限がある無料版のWeb版のOfficeアプリが表示されます。

組織用のアカウントでサインインする

1 Web版のWordを起動する

職場用プロファイルでMicrosoft Edgeを起動しておく

1 右記のWebページにアクセス

▼Microsoft 365ポータル
https://www.microsoft365.com

2 ［アプリ］をクリック

［アプリ］画面が表示された　　ここではWordを起動する

3 ［Word］をクリック

ここでは空白の文書を新規作成する　　**4** ［空白の文書］をクリック

使いこなしのヒント
よく使うファイルが表示される

過去にWeb版のWordを起動したことがある場合は、手順1操作4の画面の下に以前に開いたファイルや、よく使うファイルが表示されます。

時短ワザ
ピン留めできる

手順1操作3で、Wordのタイルの右上にある［…］をクリックして［ピン留めする］を選択すると、Microsoft 365のポータルの左側にWordのアイコンをピン留めできます。よく使うアプリをピン留めしておくと便利です。

スキルアップ
たくさんのアプリを使える

手順1操作3の画面には、Microsoft 365で提供されているたくさんのアプリが表示されています。どのようなアプリがあるのかを確認しておくといいでしょう。

●空白の文書が作成された

Web版のWordが起動し、ここから文書を作成できる

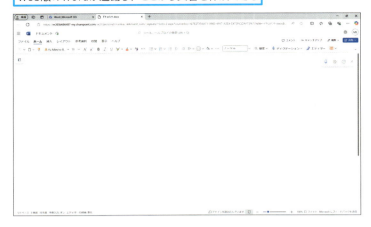

2 アプリ版Officeをインストールする

アプリ版Officeをパソコンにインストールしましょう。Microsoft 365のポータルから簡単にインストールできますが、インストール完了までにはしばらく時間がかかります。

手順1操作1を参考に、職場用プロファイルでMicrosoft 365のポータルにアクセスしておく

1 ［インストールなど］をクリック

2 ［Microsoft 365 アプリをインストールする］をクリック

使いこなしのヒント
何がインストールされるの？

インストールされるアプリは割り当てられたライセンスによって変わる場合もありますが、通常はAccess、Excel、OneNote、Outlook (classic)、PowerPoint、Publisherがインストールされます。

使いこなしのヒント
［マイアカウント］画面って何？

手順2操作3の［マイアカウント］画面は、自分に割り当てられているライセンスを確認したり、アプリをインストールしたりできる画面です。

●インストーラーをダウンロードする

[マイアカウント] 画面が表示された

3 [Officeのインストール] をクリック

アプリのダウンロードが開始される

アプリのダウンロードが完了した

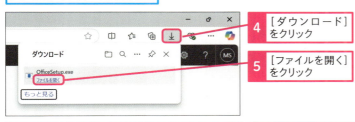

4 [ダウンロード] をクリック

5 [ファイルを開く] をクリック

ダウンロードとインストールが開始される

6 完了するまでしばらく待つ

セットアップが完了した

7 [閉じる] をクリック

スキルアップ

セキュリティ設定は新しい設定画面で

パスワードの変更などは、手順2操作3の[マイアカウント] 画面では設定できません。パスワードの変更、サインイン履歴の確認などは、以下の新しい「マイアカウント」画面にアクセスしてください。

▼マイアカウント（新）
https://myaccount.microsoft.com/

スキルアップ

アプリの追加インストールも可能

手順2操作3の[マイアカウント]画面で、[アプリとデバイスを表示] をクリックすると、ProjectやSkype for Businessなどの追加のアプリもインストールできます。必要な場合はインストールしておきましょう。

使いこなしのヒント

Macの場合は?

Macを利用している場合も基本的な手順は同じです。Macのブラウザーで Microsoft 365のポータルにサインインし、画面上のインストール用ボタンをクリックすることで、Officeアプリをインストールできます。

10 Officeアプリ

次のページに続く →

できる 47

3 ライセンスを有効化する

アプリ版Officeのインストールが完了したら、Wordなどのアプリを起動してライセンス認証を実行します。組織のアカウントでサインインしていることを確認して認証を実行してください。

> Windows 11の［スタート］から［Word］を起動しておく

使いこなしのヒント
どのアプリで有効化してもいい

ここではWordを使ってライセンスを有効化しましたが、ほかのOfficeアプリを使ってもかまいません。ExcelやPowerPointでも同様の操作でライセンスを有効化できます。

ここに注意

手順3操作1の画面で表示されたアカウントが組織のアカウント（Microsoft 365に登録されたユーザーアカウント）になっている場合は、操作2〜7のサインインの操作は必要ありません。操作8の画面でライセンス契約に同意することで利用を開始できます。

使いこなしのヒント
多要素認証（MFA）が要求されたときは

組織のアカウントでサインインした際に、以下のような画面が表示されたときは、認証アプリを使った承認が必要です。スマートフォンに通知が表示されるので、同じ数字を認証アプリに入力しましょう。

● アプリのみのサインインとして設定する

個人用パソコンを使う場合、デバイスの管理を強制することはできないため、アプリにのみサインインする

6 [組織がデバイスを管理できるようにする]のチェックマークを外す

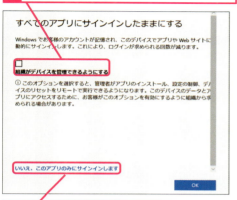

7 [いいえ、このアプリにのみサインインします]をクリック

8 [同意する]をクリック

[ホーム]から[アカウント]をクリックし、[アカウント]画面を表示しておく

9 職場のMicrosoft 365アカウントでサインインされていることを確認

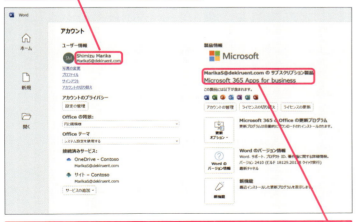

10 ライセンスが法人向けの[Microsoft 365 Apps for business]になっていることを確認

スキルアップ
個人用のOfficeを使いたいときは

パソコンに個人用のOfficeがインストールされていた場合は、アカウントを切り替えると個人用の利用も可能です。Officeアプリの右上に表示されているアカウントアイコンをクリックすると、切り替えられます。テーマなどのOfficeの設定も、アカウントごとに切り替わります。

時短ワザ
アプリをアップデートするには

Officeのアップデートは基本的には自動的に実行されますが、Microsoft 365のIntuneを利用すれば、更新タイミングを一括で制御できます（第8章参照）。また、アプリの[アカウント]画面で[更新オプション]から[今すぐ更新]をクリックすると手動で更新できます。

まとめ
Officeアプリを使えるようにしよう

Microsoft 365で提供される最新版のOfficeアプリを利用するには、インストール作業や組織のアカウントでのサインイン、ライセンス認証などの準備が必要です。個人用のMicrosoftアカウントで使っていたパソコンの場合、個人用のアカウントでOfficeにサインインしてしまう場合もあるので、忘れずに組織のアカウントでサインインしましょう。

この章のまとめ

Microsoft 365を使うには準備が大切

この章では、Microsoft 365を使うための準備について解説しました。管理者と一般のユーザーでは必要な準備が異なるので、自分の立場に合わせて作業しましょう。特に管理者は、この章の操作だけでなく、第7章で紹介するドメインの追加やユーザー登録などの操作をしないと、ほかのユーザーがMicrosoft 365にサインインできません。**レッスン06**の流れを確認してMicrosoft 365を使うための準備を進めましょう。

管理者はMicrosoft 365に申し込んで使えるようにする

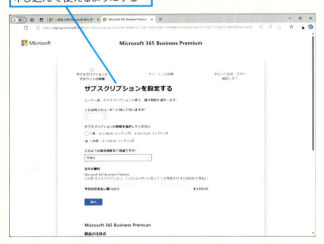

ユーザーは職場のMicrosoft 365アカウントでサインインして利用する

ユーザーは、ブラウザーにプロファイルを追加して、Officeアプリをインストールするだけなので簡単ですね。

ブラウザーやOfficeアプリに「組織のアカウント」でサインインすることがポイントですね。

そうなんだ。小規模な環境だと、Windows 11 Homeや個人所有のパソコンが混在しがちだから、個人用のMicrosoftアカウントと組織用のMicrosoft 365アカウントを使い分けることが大切だよ。

活用編

第3章

Outlookでメールや予定、連絡先を活用しよう

ビジネスシーンに欠かせないメールを使えるようにしましょう。この章では、Microsoft 365で利用できるOutlookアプリの使い方を解説します。組織のアカウントの登録方法、基本的な使い方、共有メールボックスやメールグループの活用方法、スケジュールやタスクの管理などを確認しておきましょう。

11	Outlook って何に使えるの？	52
12	Outlookアプリの違いを確認しよう	54
13	Outlookに組織のメールアドレスを登録するには	56
14	Outlookを使うには	58
15	Outlookでメールを送受信するには	60
16	問い合わせ用メールアドレスを作るには	64
17	Outlookで予定を管理するには	70
18	会議室のスケジュールを調整するには	72
19	連絡先を利用するには	76
20	一斉配信用のリストを作るには	78
21	タスクを管理するには	80

レッスン
11

Introduction この章で学ぶこと
Outlookって何に使えるの?

Outlookは、メールを中心とした日常業務を支えるアプリケーションです。日々の連絡はもちろんのこと、問い合わせやサポート対応での利用、スケジュールやタスク管理などに活用できます。

仕事用のOutlook環境を整えよう

> Microsoft 365の第一歩としてメールを使えるようにしよう。

> メールなら普段から使っていますよ。

> 私も、普段、Outlookを使ってメールをやり取りしています。

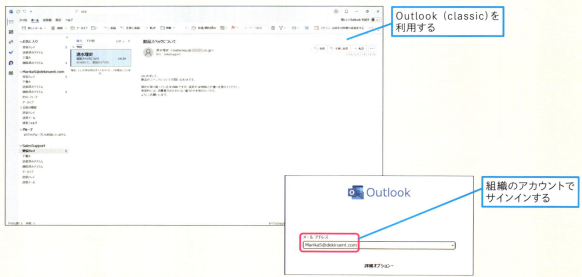

Outlook（classic）を利用する

組織のアカウントでサインインする

> それは、個人用の環境ではないかな。Microsoft 365では、職場用のOutlook（classic）アプリに、組織のアカウントを登録して使う必要があるんだ。しっかり準備しておこう。

ビジネス向けの機能も充実

複数人で使えるメールアドレスって作れるのかな?

何に使うんですか?

製品の問い合わせや、サポート、採用とか、複数の担当者が共通で使えるメールがあると便利かと思って……。

Microsoft 365なら共有メールボックスが使えるよ。一斉配信用のメールグループなどもあるから仕事もはかどるはずだよ。

スケジュールやタスクの管理もおまかせ

へ～、いろいろな機能があるんですね。

まだまだ機能はあるよ。例えば、スケジュールやタスクの管理などもできるんだ。

それは便利そうですね。ぜひ使ってみたいです。

レッスン 12 Outlookアプリの違いを確認しよう

Outlookアプリ

まずは、メールのやり取りに使うOutlookアプリについて確認しておきましょう。Windowsでは2つのOutlookアプリを利用できます。用途や機能の違いを確認しておきましょう。

キーワード

Outlook(classic)	P.235
Outlook(new)	P.235

時短ワザ
［スタート］にピン留めしておこう

Outlook (classic)は、［スタート］メニューの［すべて］をクリックしないと表示されません。本書では、Outlook (classic)の使い方を解説するので、アプリアイコンを右クリックした後［スタートにピン留めする］をクリックしてピン留めしておきましょう。

Outlook（classic）とOutlook（new）

Windows 11には、標準でOutlook（new）というアプリが搭載されています。一方で、Microsoft 365のOfficeアプリをインストールすると、Outlook（classic）というアプリも追加されます。どちらもMicrosoft 365に登録されたメールアドレスを利用できますが、本書では従来のデザインと機能を踏襲したOutlook（classic）の使い方を主に解説します。

［スタート］-［すべて］の順にクリックしてアプリ一覧を表示すると、2つのアプリが確認できる

●Outlook（classic）
Officeアプリの一部としてライセンスされる有料版のアプリ。Officeアプリと一緒にインストールされる。これまでのOutlookのデザイン、機能との互換性が重視されているのが特徴。

●Outlook（new）
Windows 11に標準でインストールされている無料版のアプリ。クラウドメールやISPのメール用だが、Microsoft 365でも利用可能。クラウドベースのアプリで最新の機能がいち早く搭載される。

スキルアップ
使い分けるのもおすすめ

本書は、在宅勤務や持ち込みなど、個人所有のパソコンを業務利用することも想定しています。このようなシーンでは、Outlook (new)は個人アカウント用、Outlook (classic)は組織アカウント用と、アプリを使い分けるのもおすすめです。個人的なメールを仕事の相手先に誤送信してしまうことも防げます。

互換性重視のclassicと進化するnew

Outlook（classic）とOutlook（new）の違いは多いですが、注目すべきはオフラインでの利用やマクロの対応です。Outlook（new）では、AIを活用した機能など最新の機能にいち早く対応しますが、Outlook（classic）ではこうした機能は今後の対応予定となっています。将来的にはOutlook（new）が主流となるはずですが、現状はまだOutlook（classic）を使うメリットも大きいです。

●Outlook（classic）

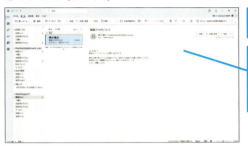

Office製品に付属する有料版のアプリ

従来のOutlookとの互換性を重視。組織向けの機能が充実しており、仕事用として適している

●Outlook（new）

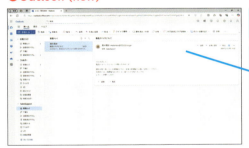

クラウド技術も活用した無料のアプリ

個人向けのアプリだが、Microsoft 365でも利用可能。最新の機能がいち早く搭載される

●Outlook（new）とOutlook（classic）の主な機能の違い

	classic	new
複数メールプロファイル	○	×
共有メールボックス	○	△（一部のみ）
オフライン使用	○	△（一部のみ）
.PSTファイル対応	○	×
VBAマクロ	○	×
対面イベントの作成	×	○
欠席した会議情報のフォロー	×	○
会議に関する情報分析	△（一部のみ）	○
会議の要約	×	○
SharePoint予定表の同期	○	×
Copilot機能	△（一部のみ）	○
COMアドイン	○	×

👍 スキルアップ
最新の機能の違いを確認するには

本書で紹介した以外にもOutlook（classic）とOutlook（new）の機能の違いは多数あります。また、アプリのアップデートによって対応状況も変化します。詳細かつ、最新の情報は、以下のMicrosoftのサイトを参照してください。

▼新しいOutlookと従来のOutlookの機能比較

💡 使いこなしのヒント
いつでも移行できるし、戻せる

Outlook（classic）は、アプリ上の設定で、いつでもOutlook（new）に移行できます。また、現状は、移行後に再びOutlook（classic）に戻すことも可能です。両方のアプリを試して、自分に合っている方を選ぶこともできます。

まとめ　Outlook（classic）で手順を解説

Outlookには2つのアプリがありますが、本書では、この章で解説する共有メールボックスなどにも対応するOutlook（classic）の使い方を主に解説します。現状は、対応する機能に細かな違いがあるので、Microsoftのサイトを確認し、どちらを使うか決める必要があります。特に組織での利用には、組織で使いたい機能が含まれていることが重要なので、事前にしっかりと確認しておきましょう。

レッスン 13 Outlookに組織のメールアドレスを登録するには

メールアドレスの登録

Outlook (classic)アプリを起動して、初期設定を行いましょう。登録するのは、もちろん組織のアカウントです。管理者から通知されたMicrosoft 365のアカウントでサインインしましょう。

1 Outlook (classic)を起動する

レッスン10を参考に、Officeアプリをインストールしておく

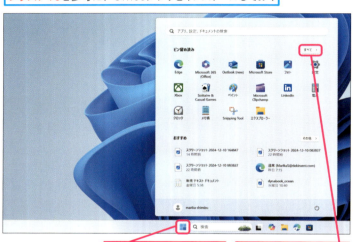

1 ［スタート］をクリック
2 ［すべて］をクリック

アプリの一覧が表示された

3 ［Outlook (classic)］をクリック

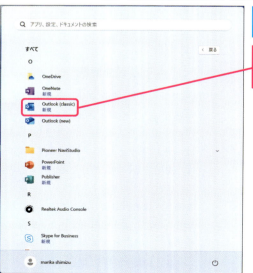

キーワード
Outlook(classic)　P.235

使いこなしのヒント
Outlook (classic)が見当たらないときは

手順1操作3の画面で、［#］や［A］などの見出しをクリックすると、頭文字でアプリを検索できます。［O］を選択すれば、Outlook (classic)を見つけやすくなります。それでもアプリが見つからないときは、Officeアプリがインストールされていない可能性があります。レッスン10を参考に再インストールしましょう。

時短ワザ
［スタート］にピン留めしておこう

Outlook (classic)は、日常業務で頻繁に利用するアプリです。毎回、［スタート］-［すべて］をクリックして一覧から起動するのは面倒です。手順1操作3の画面でアイコンを右クリックし、［スタートにピン留めする］をクリックしてピン留めしておきましょう。［スタート］にピン留めした後、さらにタスクバーにピン留めすることもできます。

ここに注意
間違って［Outlook (new)］をクリックして起動したときは、アプリを終了し、改めてOutlook (classic)を起動しましょう。

2 アカウントを設定する

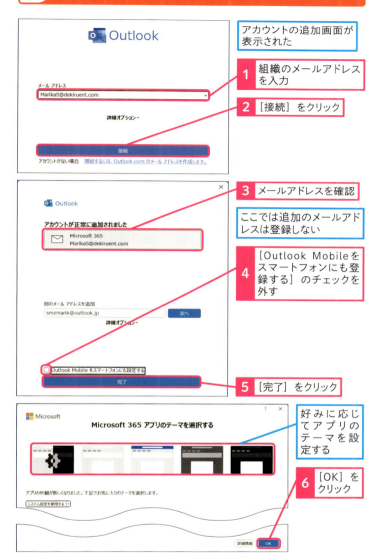

- アカウントの追加画面が表示された
- 1 組織のメールアドレスを入力
- 2 ［接続］をクリック
- 3 メールアドレスを確認
- ここでは追加のメールアドレスは登録しない
- 4 ［Outlook Mobileをスマートフォンにも登録する］のチェックを外す
- 5 ［完了］をクリック
- 好みに応じてアプリのテーマを設定する
- 6 ［OK］をクリック

アカウントが追加され、Outlook (classic)が起動した

👍 スキルアップ
Outlook (new)に切り替えるには

Outlook (classic)の起動後、右上にある［新しいOutlookを試す］の［オフ］をクリックしてオンにするとOutlook (new)に切り替わります。切り替え後、再び、右上の［新しいOutlook］をオフにすれば元に戻せます。

［新しいOutlookを試す］のここをクリックし、［オン］にすると切り替わる

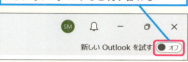

⚠ ここに注意

手順2操作1の画面でサインインできないときは、メールアドレスが違う可能性があります。管理者から通知されたメールアドレス（要求された場合はパスワードも）を間違えないように入力しましょう。

💡 使いこなしのヒント
ブラウザーでも利用可能

Microsoft 365のメールは、ブラウザーでも利用可能です。組織のプロファイルを設定したブラウザーで、以下のWebページにアクセスしましょう。環境によっては最初にサインイン操作が必要です。

▼Outlook
https://outlook.office365.com/mail/

まとめ 組織のメールアドレスで使えるように設定する

Outlook (classic)に組織のメールアドレスでサインインすると、Outlook (classic)で組織のメールをやりとりできるようになります。管理者によって独自ドメインが設定（第7章参照）されていれば、「〇△□@dekiruent.com」のような独自ドメインのメールを利用できます。ビジネス用のメールとして活用しましょう。

レッスン 14 Outlookを使うには

Outlookの画面構成

まずは、Outlook（classic）の画面構成と、主な機能について確認しておきましょう。たくさんの機能が搭載されていますが、すべて使いこなす必要はありません。日常業務でよく使う機能を覚えておきましょう。

🔍 キーワード

Outlook(classic)	P.235
リボン	P.237

💡 使いこなしのヒント
リボンを切り替えるには

リボンは、標準ではシンプルな表示になっています。旧来の機能がたくさん表示される形式に変えたいときは、リボンの右端にある下向きの矢印をクリックし、［クラシックリボン］を選択します。

Outlook (classic)の画面構成

Outlook (classic)は、大きく3つのパートで画面が構成されています。左から、メールが格納されているフォルダー、フォルダー内の受信済みメール、現在開いているメールの画面です。各種機能は、左端のアプリの一覧やリボンから利用します。

◆利用できるアプリ一覧
◆リボン（シンプル表示）各種機能を利用するにはここから操作する
◆メールアカウントとフォルダー一覧
◆受信メール一覧
受信メール一覧で選択したメールが表示される
◆リボン（クラシック表示）

👍 スキルアップ
Vivaインサイトって何?

リボンに表示されている［Vivaインサイト］（または［すべてのアプリ］-［Vivaインサイト］）は、Microsoft 365で提供されているウェルビーイング機能です。集中するための時間や自分の時間を確保したり、適切に休憩するための手助けをしたりしてくれます。

メール作成画面

メールの作成画面には、メールの［送信］ボタン、［宛先］や［件名］、本文などの入力欄が表示されます。リボンには、メールの本文の装飾や、ファイル添付のための機能が用意されています。

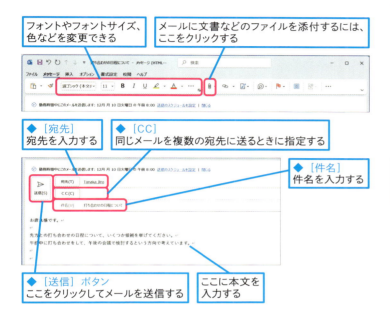

- フォントやフォントサイズ、色などを変更できる
- メールに文書などのファイルを添付するには、ここをクリックする
- ◆［宛先］宛先を入力する
- ◆［CC］同じメールを複数の宛先に送るときに指定する
- ◆［件名］件名を入力する
- ◆［送信］ボタン ここをクリックしてメールを送信する
- ここに本文を入力する

予定表画面

Outlookは、メールだけでなく、予定やタスクも管理できます。予定表では、カレンダーを見ながら、登録されているイベントや会議を確認したり、外出などの新しい予定を作成したりできます。

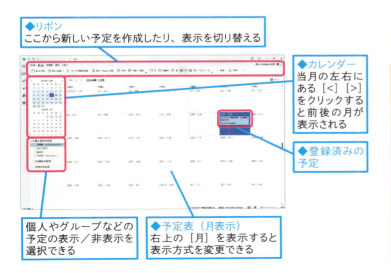

- ◆リボン ここから新しい予定を作成したり、表示を切り替える
- ◆カレンダー 当月の左右にある［<］［>］をクリックすると前後の月が表示される
- ◆登録済みの予定
- 個人やグループなどの予定の表示／非表示を選択できる
- ◆予定表（月表示）右上の［月］を表示すると表示方式を変更できる

時短ワザ
スペルチェックも可能

Outlookには文書校正機能が搭載され、スペルミスや文法ミスなどを適宜チェックしてくれます。［校閲］タブを表示して利用すると、文字数をカウントしたり、表記ゆれをチェックしたりすることもできます。

使いこなしのヒント
複数アカウントを管理できる

Outlook (classic)では、複数アカウントのメールを管理することもできます。組織のメールアドレス以外に、個人のOutlook.com、Gmail、ISPのメールなどを登録して、同じ画面で管理できます。

まとめ
機能は多いが使い方には迷わない

Outlook (classic)は、豊富な機能を備えたメールアプリですが、よく使う機能が目立つ場所に配置されており、使い方に迷うことがないように工夫されています。このレッスンで紹介した機能など、よく使う機能やボタンの場所を確認しておけば十分です。はじめてでも簡単に使いこなせるでしょう。

レッスン 15 Outlookでメールを送受信するには

メールの送受信

Outlook (classic)でメールを送受信してみましょう。といっても、受信は自動的に実行されるので通常は操作不要です。基本的には、メールの作成や送信の方法を確認しておくといいでしょう。

キーワード
Outlook(classic)　P.235

使いこなしのヒント
［優先］と［その他］に分類される

Outlook (classic)では、受信したメールの重要度が自動的に判断され、ビジネスのメールなど重要なメールは［優先］に、お知らせなどのメールは［その他］に自動的に分類されます。標準では［優先］のメールが表示されるので、届いているはずのメールが見当たらないときは［その他］を確認してみましょう。

重要なメールが自動的に分類される

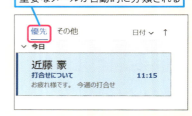

新しいメールは自動的に受信される

Outlook (classic)は、メールを自動的に受信できるように設計されています。アプリの起動直後や起動中に、自動的にメールの受信が実行されます。このため、通常は、何も操作しなくても新しいメールが届きます。

●アプリ起動時

起動時に自動的に新しいメールが受信される

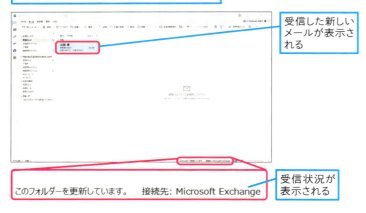

受信した新しいメールが表示される

このフォルダーを更新しています。　接続先: Microsoft Exchange

受信状況が表示される

●アプリ起動中

起動中も自動的に新しいメールを受信する

受信した新しいメールが表示される

ここに注意
ここでは新しいメールが表示されていますが、誰からのメールも届いていない場合は表示されません。もし、動作を確認したい場合は、自分のアドレス宛にメールを送信してみるといいでしょう。

1 手動でメールを受信する

届いているはずのメールが表示されないときや、急ぎのメールを待っているときなどは、手動でメールを受信します。以下のように、手動でメールの送受信を実行しましょう。

レッスン13を参考に、Outlook (classic)を起動しておく

1 ［送受信］タブをクリック

［送受信］タブが表示された

2 ［すべてのフォルダーを送受信］をクリック

新しいメールを受信した場合は一覧に表示される

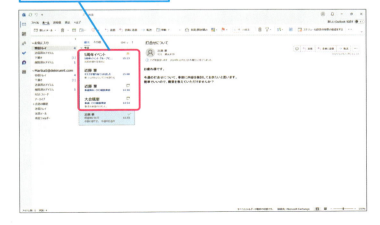

使いこなしのヒント
フォルダーを確認しよう

Outlook (classic)の左側には、メールが格納されているフォルダーが表示されます。標準でたくさんのフォルダーがありますが、自分でも追加できます。例えば、届いているはずのメールが見当たらないときは、［迷惑メール］などのフォルダーを確認しましょう。

フォルダーに分類してメールを管理できる

スキルアップ
フォルダーを追加するには

新しいフォルダーは、自分のメールアドレスを右クリックして、［フォルダーの作成］から作成できます。「請求書」などの用途でメールを分類管理するときに便利です。

1 メールアドレスを右クリック

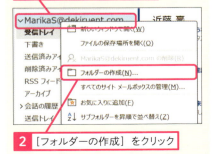

2 ［フォルダーの作成］をクリック

次のページに続く

2 メールを送信する

メールを送信してみましょう。新しいメールを作成し、宛先や件名、本文などを入力して送信します。

> レッスン13を参考に、Outlook (classic)を起動しておく

1 [新しいメール]をクリック

メッセージ作成画面が表示された

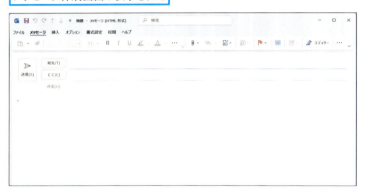

2 メールアドレスや名前の一部を入力

宛先の候補が表示される

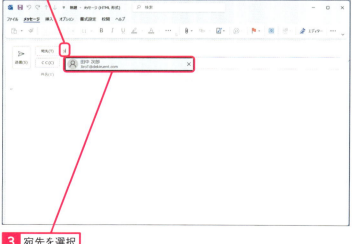

3 宛先を選択

使いこなしのヒント
添付ファイルを挿入するには

ファイルを添付して送信したいときは、リボンの[ファイルの添付]（ 📎 ）をクリックします。Microsoft 365で作成したOfficeアプリのファイルやパソコンの保存されているファイルを指定できます。

1 [ファイルの添付]をクリック

種類を選んで、ファイルを添付する

使いこなしのヒント
候補が表示されないときは

手順1操作2の画面で表示される候補は、Microsoft 365に登録されている自分の組織のメールアドレスや、アドレス帳に登録済みのメールアドレスだけです。はじめて指定するメールアドレスは、候補が表示されません。すべて手動で入力しましょう。

● 件名と本文を入力して送信する

宛先が指定できた

4 [件名] のここをクリックして件名を入力

5 本文の入力欄に本文を入力

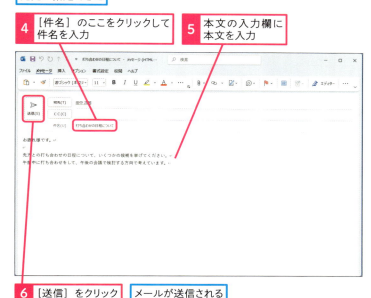

6 [送信] をクリック　メールが送信される

3 送信済みメールを確認する

送信したメールは、[送信済みアイテム] フォルダーに保存されます。メールを送った後に内容を確認したいときは、ここを探しましょう。なお、[送信済みアイテム] にあるメールを削除しても、送信が取り消されるわけではありません。

1 [送信済みアイテム] をクリック

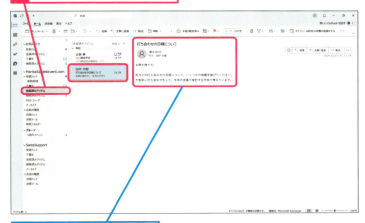

送信されたメールが表示される

使いこなしのヒント

署名を設定するには

メールには、自分の名前や連絡先などを署名として自動的に挿入することができます。手順2操作4の画面で、[署名] から [署名] をクリックすると、[署名とひな形] ダイアログボックスが表示されます。記入したい内容を登録した新しい署名を作成しましょう。

1 [署名] - [署名] の順にクリック

[署名とひな形] ダイアログボックスが表示された

2 署名を入力

3 [OK] をクリック

まとめ　使い方は簡単

Outlook (classic)は、メールの受信や送信が簡単にできるメールアプリです。画面上の情報量が多いため戸惑うかもしれませんが、日常業務で使う基本的な操作はシンプルです。メールを見る、書く、送るといった基本的な操作で迷うことはないでしょう。

レッスン 16 問い合わせ用メールアドレスを作るには

共有メールボックス

複数の担当者で共有できるメールアドレスを作ってみましょう。問い合わせやサポートなど、複数人で担当する業務のメールアドレスとして活用できます。

共有メールボックスって何?

共有メールボックスは、1つのメールアドレスを複数のユーザーで共有できる機能です。共有メールボックスに届いたメールは、メンバーとして登録された担当者なら、誰でもメールの送受信が可能です。交代でメールでのサポートを担当したり、問い合わせなどに対応できたりするのがメリットです。

キーワード	
Microsoft 365管理センター	P.235
Outlook(classic)	P.235
共有メールボックス	P.236

使いこなしのヒント
配布リストと何が違うの?

共有メールボックスと同様に、1つのメールアドレスを共有する機能に、「配布リスト」があります(管理画面の[チームとグループ]-[アクティブなチームとグループ]で設定可能)。配布リストは、指定のメールアドレス宛に送られたメールがユーザーのメールボックスに届き、いわゆるメーリングリストとして利用できます。共有メールボックスは、ユーザーの個人のメールボックスには配信されず、専用のメールボックスに届いたメールを複数ユーザーで参照する形態となります。

使いこなしのヒント
カレンダーなどは共有できない

共有メールボックスは、あくまでもメールを共有するための機能となります。カレンダーなどはメンバーで共有されません。

1 共有メールボックスを作成する

共有メールボックスは、あらかじめ管理者が作成しておく必要があります。Microsoft 365の管理センターで共有メールボックスを作成し、メンバーを追加しておきましょう。

⚠ ここに注意

共有メールボックスは、標準では受信用に設定されています。共有メールボックスからメールを送信したり、届いたメールに返信したりする場合は、「送信済みメール」の設定や送信時の差出人の設定が必要です。これらの設定も忘れずに実行しましょう。

Microsoft Edgeを起動しておく

1 ［Microsoft 365管理センター］にアクセス

▼Microsoft 365管理センター
https://admin.microsoft.com/

管理者アカウントで、サインインする

2 ［チームとグループ］をクリック

3 ［共有メールボックス］をクリック

共有メールボックスの設定画面が表示される

4 ［共有メールボックスを追加］をクリック

💡 使いこなしのヒント

メールアドレスやメンバーを決めておこう

共有メールボックスを作成する際は、あらかじめ共有メールボックスのメールアドレス名やメンバーを決めておきましょう。これらの情報が決まっていないと、共有メールボックスは作成できません。

次のページに続く ➡

できる 65

●メールアドレスを設定する

使いこなしのヒント
メールアドレスは どうすればいいの?

共有メールアドレスは、対外的な連絡に使うことが多いため、用途が想像しやすいメールアドレスをおすすめします。例えば、組織全体に対する問い合わせ用なら「info@dekiruent.com」、サポート用なら「support@dekiruent.com」などが分かりやすいでしょう。

使いこなしのヒント
メールアドレスを編集するには

メールアドレスは後から変更できます。作成後、一覧から共有メールボックスをクリックし、[メールアドレス]の[編集]をクリックすることで変更できます。なお、以前のメールアドレスは、エイリアスとして残ります。

2 送信済みアイテムを保存できるようにする

共有メールボックスに届いたメールに返信すると、標準ではユーザー個人の［送信済みアイテム］のみに送信したメールが保存されます。ほかのユーザーが返信したかどうかが分かりにくいので、共有メールボックスの［送信済みアイテム］にも保存するように設定を変更しましょう。

使いこなしのヒント
後からメンバーを変更するには

後からメンバーを変更したいときは、管理センターの［チームとグループ］の［共有メールボックス］で、作成済みの共有メールボックスを選択し、［メンバー］の［編集］をクリックしてメンバーを選択します。

共有メールボックスが作成され、メンバーが追加できた

1 共有メールボックスをクリック

画面右に共有メールボックスの詳細が表示された

2 ［送信済みアイテム］の［編集］をクリック

［送信済みアイテムを管理する］画面が表示された

3 ［このメールボックスとして送信されたアイテムをコピーする］
［このメールボックスの代理人として送信されたアイテムをコピーする］にそれぞれチェックを付ける

4 ［保存］をクリック

使いこなしのヒント
設定画面では何ができるの？

ここでは送信済みメールの設定を変更しましたが、これ以外に自動応答の設定をすることもできます。例えば、問い合わせの一時応答として、挨拶や担当から返信する旨のメッセージを自動的に送信できます。

次のページに続く→

できる 67

3 共有メールボックスを利用する

Outlook (classic)を利用している場合、共有メールボックスは、メンバーとして登録したユーザーに自動的に設定されます。

1 共有メールボックスが表示されていることを確認

2 共有メールボックスの[受信トレイ]をクリック

受信したメールが表示された

ここでは、送信が許可されたメンバーとしてメールに返信する

3 [返信]をクリック

返信内容を入力して[送信]をクリックする

⚠️ ここに注意

共有メールボックスが自動的に表示されるまで時間がかかる場合があります。表示されない場合は、しばらく待ってから確認しましょう。また、設定確認のために、テスト用に共有メールアドレス宛にメールを送ってみるといいでしょう。

💡 使いこなしのヒント
新規にメールを送信するには

共有メールボックスのメールアドレスで新規にメールを送信する場合は、差出人の変更操作が必要です。メールの作成画面で、[オプション]から[差出人]を選択して差出人フィールドを表示し、送信前に差出人を共有メールアドレスに変更しておきましょう。

1 メール作成画面の[オプション]をクリック

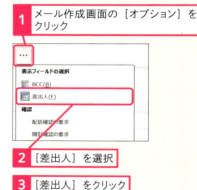

2 [差出人]を選択

3 [差出人]をクリック

4 共有メールアドレスを選択

差出人が変更される

4 Web版で共有メールボックスを使用する

Web版のOutlookでは、共有メールボックスが自動的に表示されません。Web版でも共有メールボックスのメールにアクセスしたい場合は、以下のように手動で共有メールボックスを追加します。

共有メールボックスに追加されたメンバーのアカウントでOutlook (new)を起動する

1 ［フォルダー］を右クリック

2 ［共有フォルダーまたはメールボックスの追加］をクリック

［共有フォルダーまたはメールボックスの追加］ダイアログボックスが表示された

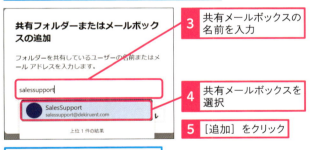

3 共有メールボックスの名前を入力

4 共有メールボックスを選択

5 ［追加］をクリック

共有メールボックスが表示され、使えるようになった

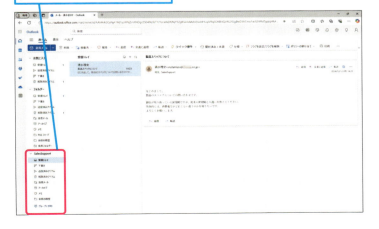

使いこなしのヒント
削除したメールが見つからない

共有メールボックスに届いたメールを削除すると、個人の［削除済みアイテム］に移動します。共有メールボックスの［削除アイテム］には移動しないので、共有メールボックスのメールは不用意に削除しないように注意しましょう。

使いこなしのヒント
Outlook (new)では使えないの？

Outlook (new)でもWeb版と同様に共有メールボックスを登録できます。また、Web版で登録しておくことで、自動的にOutlook (new)に表示されます。ただし、フォルダーが表示される場所が異なり、［共有アイテム］の中に表示されます。

まとめ　ビジネスに活用しよう

Microsoft 365の共有メールボックスを利用すれば、メールアドレスの共有も簡単です。すぐに問い合わせやサポートなどに活用できます。ただし、［送信済みアイテム］の設定や削除したメールの移動先など、通常のメールと異なる動作もあるため利用には注意が必要です。事前に十分に動作を検証してから利用することをおすすめします。

レッスン 17 Outlookで予定を管理するには

予定表

Outlook (classic)では、メールだけでなく、予定表を利用することができます。会議や出張、社内処理の締め切りなど、忘れたら困る予定を登録して管理しましょう。

🔍 キーワード
Outlook(classic)　　P.235

1 予定表を表示する

Outlook (classic)では、利用できる機能が左側にアイコンで表示されています。カレンダーの形をした［予定表］アイコンをクリックすることで、予定表を起動できます。

💡 使いこなしのヒント
予定を削除するには

間違って予定を登録してしまったときは、登録された予定を右クリックして［削除］を選択することで削除できます。

レッスン13を参考に、Outlook (classic)を起動しておく

1 ［予定表］をクリック

予定表の画面が表示された　　個人の予定を登録して管理できる

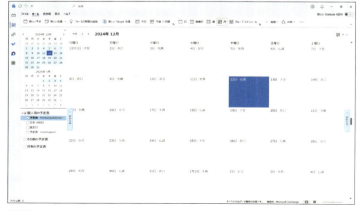

👍 スキルアップ
カレンダーを重ねて表示するには

Outlook (classic)では、画面左下に利用可能なカレンダーが一覧表示されます。祝日や誕生日などのカレンダー、さらにはグループで共有されているカレンダーなども表示されます。選択したカレンダーは標準では個別に表示されますが、［重ねて表示］をクリックすることで、重ねて表示できます。

1 表示したいカレンダーを選択

予定表画面にカレンダーが表示される

2 カレンダーの左上にある［重ねて表示］をクリック

2 新しい予定を登録する

予定表に新しい予定を登録してみましょう。営業活動などの個人的な用件は、個人のカレンダーに登録して管理します。

1 登録したい日付をクリック

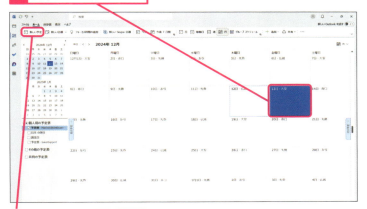

2 [新しい予定]をクリック

予定の作成画面が表示された

3 [タイトル]を入力

設定した日付を確認する

4 [開始時間]と[終了時間]を設定

5 予定内容を入力

6 [保存して閉じる]をクリック

予定が登録できた

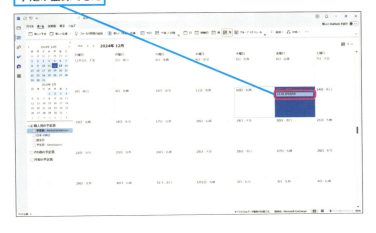

使いこなしのヒント
予定を直接入力できる

手順2操作1の画面で日付をクリックして、以下の画面になったときは、直接予定を入力できます。ただし、時間指定のない終日の予定として登録されます。時間や内容は後から編集する必要があります。

終日の予定として登録される

時短ワザ
定期的な予定として設定する

手順2操作3の予定の作成画面で[定期的な予定にする]をクリックすると[定期的な予定の設定]ダイアログボックスが表示され、毎週や毎月など、定期的な予定として登録できます。部内ミーティングやプロジェクトの進捗会議など、定期開催が決まっている予定を登録すると便利です。

定期開催のパターンや期間を設定できる

まとめ
手帳の代わりに活用しよう

仕事の予定は、Outlook (classic)にまとめて登録して管理すると効率的です。スマートフォンでも予定を閲覧できるので、外出先などでも手軽に予定を確認できます。手帳の代わりに利用するといいでしょう。日々の予定を管理して、効率的に仕事を進めましょう。

レッスン
18 会議室のスケジュールを調整するには

スケジュールアシスタント

複数の参加者の時間調整や会議室の予約などに、時間と労力を取られていませんか？ Microsoft 365のスケジュールアシスタントを利用すれば、参加者や会議室の予定も考慮したスケジュール調整が可能です。

活用編 第3章 Outlookでメールや予定、連絡先を活用しよう

スケジュールアシスタントとは

スケジュールアシスタントは、参加者や会議室の予定を並べて表示できる機能です。すでに予定が入っている時間が色分けされて表示されるため、会議などのために確保可能な空き時間を簡単に探せます。会議室の予約管理用として利用することで、組織が所有する設備を公平かつ簡単に利用できるようになります。

●スケジュールアシスタント

メンバーや会議室の空き時間を
確認しながら予定を作成できる

🔍 キーワード

Outlook(classic)	P.235

💡 使いこなしのヒント
会議室を登録しておこう

このレッスンの手順を実行するには、あらかじめMicrosoft 365の［リソース］に会議室が登録されている必要があります。まだ会議室が登録されていない場合は、管理者に依頼するか、**レッスン56**を参考に会議室を登録しておきましょう。

💡 使いこなしのヒント
社用車などの設備でも活用できる

ここでは会議室を例に解説しましたが、社用車や貸し出し用パソコンなどもリソースとして登録できます。組織で共有する資産を管理したい場合に活用しましょう。

72 できる

1 新しい会議を作成する

会議を想定した使い方を見てみましょう。複数の参加者の予定、および会議室の予約状況を考慮して、会議の開催日時を調整します。全員の空き時間を簡単に探せるのがメリットです。

> レッスン17を参考に、Outlook (classic)の［予定表］を表示しておく

1 ［新しい会議］をクリック

予定の作成画面が表示された

2 ［タイトル］を入力

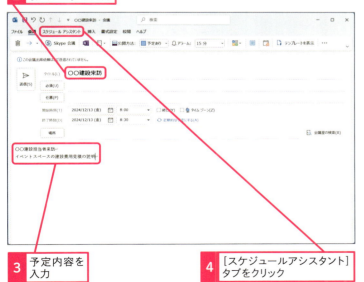

3 予定内容を入力

4 ［スケジュールアシスタント］タブをクリック

使いこなしのヒント
日時の設定は後で

通常の予定の場合と異なり、手順1では日時を設定する必要はありません。日時は、次のページで紹介するスケジュールアシスタントを利用して設定します。

使いこなしのヒント
［新しい予定］をクリックしてもいい

ここでは、手順1操作1で［新しい会議］を選択しましたが、［新しい予定］を選択してもスケジュールアシスタントを利用可能です。

使いこなしのヒント
アラームを設定できる

予定にはアラームを設定できます。手順1操作2の画面で、リボンに表示されている［アラーム］から時間を設定しましょう。予定のどれくらい前にアラームを表示するかを設定できます。

2 スケジュールアシスタントを設定する

縦軸に出席者やリソース、横軸に時間が表示された

ここでは予定の開催場所となる「大会議室」を追加する

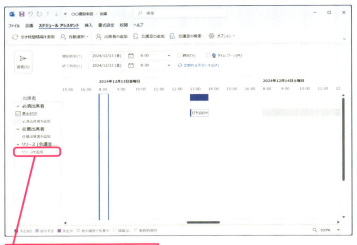

1 [リソースを追加] をクリック

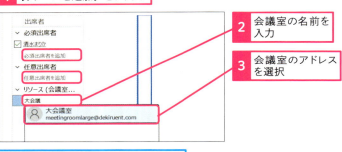

2 会議室の名前を入力

3 会議室のアドレスを選択

同様の操作で、[必須出席者を追加] と [任意出席者を追加] を設定する

出席者や会議室の予定が表示された

メンバーやリソースで登録済みの予定があるときは、色付きの予定で表示される

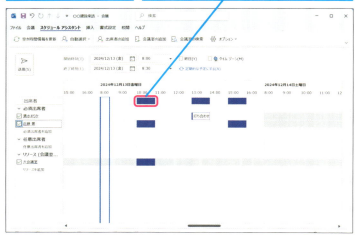

使いこなしのヒント
予定の種類について

スケジュールアシスタントでは、色と模様によって登録されている予定が区別されます。予定の種類はスケジュールアシスタントの画面下に表示されているので、空き時間を探すときの参考にしましょう。[外出中] や [他の場所で作業中] などの場合は、空き時間であっても物理的に会議室に集まれない場合があるので注意が必要です。

■ 予定あり
▨ 仮の予定
▨ 外出中
▨ 他の場所で作業中
▨ 情報なし
■ 勤務時間外

使いこなしのヒント
予定の内容は公開されない

登録されている予定がほかの人に見られてしまう心配はありません。スケジュールアシスタント上では、単に [予定あり] の模様で表示されるだけで、予定の詳細は表示されません。

3 会議の時間を確保する

1 出席者やメンバーの空き時間をドラッグして選択

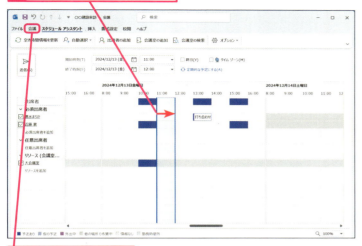

2 [会議] タブをクリック

会議の時間が設定できた　**3** [送信] をクリック

会議の予定が登録された

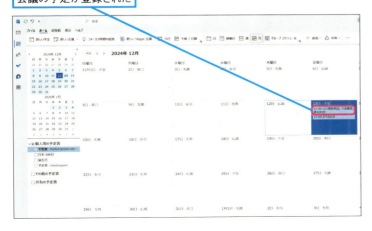

使いこなしのヒント

メールが届く

予定の参加者としてほかの参加者や会議室を指定すると、予定の依頼がメールで届きます。参加者の場合は、相手が会議への招待を承諾するとスケジュールが確定します。一方、会議室の場合は自動応答となるため、空き時間であれば自動的に承諾されます。

会議室が承認されるとメールが届く

まとめ　スケジュール調整が簡単に

スケジュールアシスタントを利用すると、複数の参加者や会議室を利用する予定を簡単に登録できます。ただし、この機能を効果的に運用するには、組織のユーザー全員がMicrosoft 365で予定を管理する必要があります。登録していないメンバーがいると、ダブルブッキングなどの可能性があるので、全員がOutlook (classic)ですべての予定を管理するように啓蒙する必要があります。

レッスン 19 連絡先を利用するには

連絡先

Outlook (classic)で連絡先を管理しましょう。Microsoft 365 に登録されているユーザーのアドレス帳は自動的に用意されますが、外部の連絡先や顧客などは個人用の連絡先で管理します。

🔍 キーワード

Outlook(classic)	P.235
グローバルアドレス帳	P.236

1 個人用の連絡先を登録する

個人的な取引先や顧客などの連絡先は、Outlook (classic)の個人用の連絡先で管理できます。Outlook (classic)で連絡先を問い合わせて、名前やメールアドレスなどの情報を入力しましょう。

💡 使いこなしのヒント
必要な情報のみで構わない

連絡先の入力項目はたくさんありますが、すべての情報を入力する必要はありません。名前やメールアドレス、電話番号など、最低限の情報のみで管理できます。最低限の情報を登録し、時間のあるときにほかの項目を入力しましょう。

レッスン13を参考に、Outlook (classic)を起動しておく

1 [連絡先]をクリック　連絡先の画面が表示された

2 [新しい連絡先]をクリック

連絡先の作成画面が表示された　3 名前やメールアドレスなどの情報を入力

4 [保存して閉じる]をクリック

👍 スキルアップ
連絡先を共有できる

登録した連絡先は、組織のほかのユーザーと共有できます。連絡先を選択して、リボンにある[連絡先を共有]をクリックすると、連絡先をほかのユーザーに送信できます。引き継ぎや情報の共有などで活用しましょう。

さまざまな方法で連絡先を共有できる

● 連絡先が登録された

新しい連絡先が登録された

2 組織の連絡先を参照する

組織のユーザーとして登録されている人の名前やメールアドレスは、個人の連絡先に手動で登録する必要はありません。グローバルアドレス帳という内部的なアドレス帳を表示することで確認できます。

連絡先の画面を表示しておく

1 [アドレス帳] をクリック

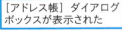

[アドレス帳] ダイアログボックスが表示された

2 [Office Global Address List] を選択

組織に登録されているユーザーや会議室のアドレス帳が表示される

時短ワザ
メールから登録する

メールの送信者を連絡先に登録するときは、送信者名を右クリックして [Outlookの連絡先に追加] を選択しましょう。

送信者を連絡先に登録したいメールを表示しておく

1 送信者を右クリック

2 [Outlookの連絡先に追加] を選択

ここに注意

[Office Global Address List] は、Microsoft 365に登録されているユーザー、グループ、リソースなどから自動的に作成された連絡先です。これらはユーザーが編集することはできません。登録されている情報の参照のみが可能です。

まとめ　連絡先を管理しよう

名刺のままや手帳などで管理している連絡先があるときは、Outlook (classic) の連絡先に登録しておきましょう。メールの宛先として利用できるうえ、検索も簡単にできます。また、次のレッスンで紹介する一斉配信用の宛先としても活用できます。最初は手間がかかりますが、後々の大切な資産となるので、できるだけ多くの連絡先を登録しておきましょう。

レッスン 20 一斉配信用のリストを作るには

連絡先グループ

複数の宛先に一括で配信できる連絡先グループを作成してみましょう。顧客へのマーケティング活動、取引先への業務連絡など、さまざまな用途に活用することができます。

キーワード

Outlook(classic)	P.235
グローバルアドレス帳	P.236
連絡先グループ	P.237

1 連絡先グループを作成する

連絡先グループは、複数のメールアドレスをまとめたものです。連絡先グループを宛先に指定すると、登録されている複数の宛先に同じメールを送信できます。

時短ワザ

組織内部ならグループを宛先にできる

組織のユーザーをグループで管理している場合は、グループごとのメールアドレスが利用できる場合もあります。例えば営業部や総務部など、部署ごとのメールアドレスを指定すれば、一斉にメールを送信できます。

レッスン19を参考に、連絡先の画面を表示しておく

1 [新しい連絡先]のここをクリック

2 [連絡先グループ]をクリック

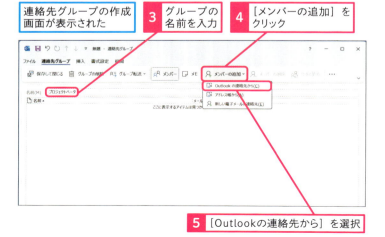

連絡先グループの作成画面が表示された

3 グループの名前を入力

4 [メンバーの追加]をクリック

5 [Outlookの連絡先から]を選択

使いこなしのヒント

3つの方法でメンバーを追加できる

メンバーの追加方法は、手順1操作4で表示される3つの方法があります。[Outlookの連絡先から]はレッスン19で作成した個人の連絡先からアドレスを選択します。[アドレス帳から]はMicrosoft 365のグローバルアドレス帳からアドレスを選択します。[新しい電子メールの連絡先]は手動でメールアドレスを入力して登録します。

● 連絡先からメンバーを登録する

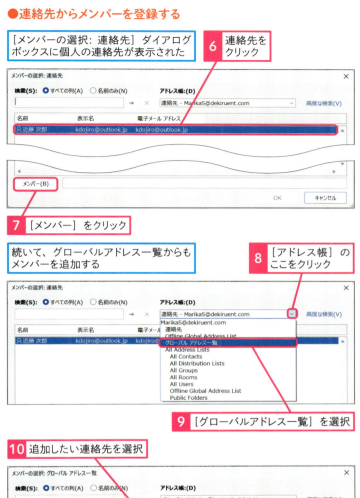

| [メンバーの選択: 連絡先] ダイアログボックスに個人の連絡先が表示された | 6 連絡先をクリック |

7 [メンバー] をクリック

続いて、グローバルアドレス一覧からもメンバーを追加する　　8 [アドレス帳] のここをクリック

9 [グローバルアドレス一覧] を選択

10 追加したい連絡先を選択

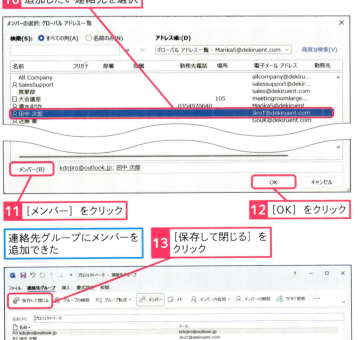

11 [メンバー] をクリック　　12 [OK] をクリック

連絡先グループにメンバーを追加できた　　13 [保存して閉じる] をクリック

使いこなしのヒント

[連絡先] に登録されたメンバーだけでも作成可能

手順1操作6〜10では、Outlookの連絡先とグローバルアドレス帳の両方からメンバーを追加しましたが、片方からだけのメンバー追加でも連絡先グループを作成できます。

ここに注意

連絡先グループをメールの宛先に指定するときは、宛先の指定方法に注意が必要です。単に宛先やCCに指定すると、受信者がほかの人のメールアドレスを判断できてしまいます。外部の宛先を登録した連絡先グループを使用するときは、ほかの人が確認できないよう、BCCに指定して送信しましょう。

まとめ　メール業務が楽になる

メールマガジンやセールのお知らせなどを送ったり、社内業務の締め切りをメールで知らせたりしたいときなどは、連絡先グループを活用すると便利です。用途ごとに連絡先グループを作成すれば、一斉配信を簡単に済ませることができます。身近な業務改革として活用してみましょう。

レッスン 21 タスクを管理するには

タスク

Outlookで、「やるべきこと」「忘れたら困ること」などのタスクを管理してみましょう。画面を［タスク］に切り替えれば、メモのように手軽にタスクを管理できます。

キーワード

Outlook(classic)	P.235
タスク	P.237

1 新しいタスクを登録する

タスクはシンプルな管理ツールです。タスクの名前をリストのように入力するだけで簡単に管理できます。期日を設定しておけば、大切なタスクも忘れずに済みます。

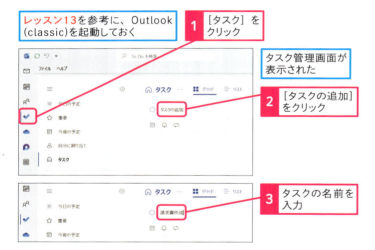

レッスン13を参考に、Outlook (classic)を起動しておく

1 ［タスク］をクリック

タスク管理画面が表示された

2 ［タスクの追加］をクリック

3 タスクの名前を入力

使いこなしのヒント
並べ替えができる

たくさんのタスクが表示されているときは、右上の［並べ替え］からタスクの表示方法を変更できます。重要度や期日、作成日など、用途に応じて並べ替えるといいでしょう。

1 ［並べ替え］をクリック

用途に応じて並べ替えができる

スキルアップ
メールをタスクに設定するには

メールで届いた要件をタスクとして管理したいときは、メールに表示されているフラグを右クリックして期日を選択しましょう。設定したメールがタスクとして自動的に登録されます。

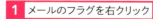
1 メールのフラグを右クリック

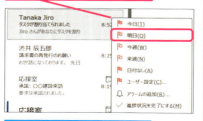

期日を選択するとタスクとして登録される

活用編 第3章 Outlookでメールや予定、連絡先を活用しよう

● タスクの期限を設定する

ここでは期限の日付を指定する

4 ［期限日の追加］をクリック

5 ［日付を選択］をクリック

カレンダーが表示された

6 日付を選択

7 ［保存］をクリック

タスクの期限が設定できた

8 ［追加］をクリック

タスクが登録できた

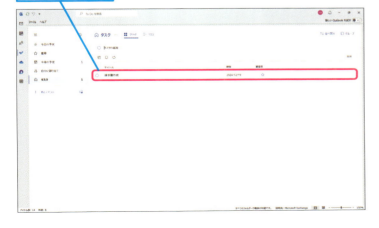

使いこなしのヒント

［自分に割り当て］って何？

［自分に割り当て］は、ほかのメンバーが自分を担当者として設定したタスクです。Microsoft 365で提供されているPlanner（レッスン34参照）というアプリでは、タスクごとに担当者を設定できます。この機能によって自分に割り当てられたタスクが表示されます。

ほかのユーザーによって自分に割り当てられたタスクが表示される

まとめ　とにかく登録しておこう

タスクは、メモのように気軽に使うと便利なアプリです。調べもの、提出書類、興味のあること、買うべきものなど、とにかく気になることがあったらタスクに登録して管理するといいでしょう。一覧として記録しておくだけでも、何をすべきか、どれを優先すべきかが明らかになるので、作業を効率的に進められるでしょう。

この章のまとめ

Outlookだけでも業務改革を実現できる

Outlookは、身近なメール環境から、働き方を見直すことができるツールです。共有メールボックスで問い合わせやサポートを効率的にしたり、連絡先グループでマーケティング活動を簡単にしたりしてみましょう。また、スケジュールアシスタントで会議室などの設備の管理をしたり、タスク管理で働き方を改善したりすることもできます。すでにメールを利用している組織は多いと思いますが、単なる連絡手段としてだけでなく、メールから派生する業務を改善しようという観点でOutlookの活用を検討してみるといいでしょう。

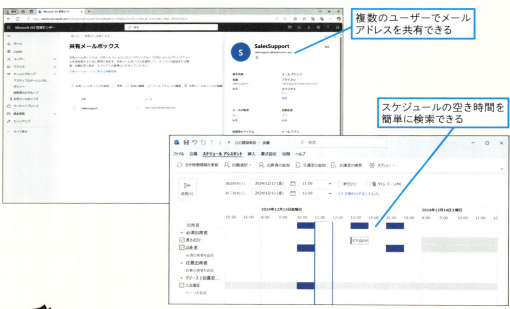

複数のユーザーでメールアドレスを共有できる

スケジュールの空き時間を簡単に検索できる

Outlookってメールだけかと思っていました。

共有メールボックスやスケジュールアシスタントは便利そうなので使ってみたいです。

これこそ身近な業務を改善できる一例だね。ここで紹介したのは一例に過ぎないので、もっといろいろな機能を調べてみることをおすすめするよ。

活用編

第4章

Teamsで
コミュニケーションしよう

業務連絡や会議の開催、チームの相談など、組織のコミュニケーション手段として「Teams」を活用しましょう。Teamsを利用すると、場所を問わないコミュニケーションや、さまざまな情報の共有が可能となり、リモートワークなどの新しい働き方を実現できます。

22	Teams って何？	84
23	チームとチャネルとは	86
24	Teamsを契約するには	88
25	Teamsを使うには	90
26	チームを作成するには	94
27	チャネルを作成するには	98
28	チームでコミュニケーションするには	102
29	いろいろな情報を投稿するには	106
30	オンライン会議をするには	108
31	会議の機能を活用するには	112
32	チームで会議を開始するには	116
33	直接コミュニケーションするには	118
34	アプリを追加するには	120

レッスン 22

Introduction この章で学ぶこと

Teams って何？

Teamsは、組織のコミュニケーション手段として活用できるアプリケーションです。チャット、ビデオ会議、ファイル共有などの機能が統合されており、場所にとらわれず、人と情報をつなぐツールとして活用できます。

Teamsで新しい働き方を実現しよう

どうしたんですか？　困った顔をして……。

最近、連絡ミスや勘違い、進捗の遅れが多いなぁ、と思って……。

リモートワークが増えたり、オフィスから固定席がなくなったりと、職場環境も変わりましたからね。

どうやら職場でのコミュニケーションがうまくできていないようだね。それなら「Teams」を使ってみたらどうかな。

Teamsってビデオ会議のアプリですよね。

それだけではないんだ。チャットやファイル共有、スケジュール管理など、いろいろなことができる。人と情報が集まるオンラインのコミュニケーションツールとでもいったところかな。

そんなツールがあるんですか。ぜひ詳しく教えてください！

「チーム」や「チャネル」について知っておこう

早速アプリを起動してみましたが、使い方がよく分かりません。

まあ、慌てないで。Teamsを使うには、「チーム」や「チャネル」という考え方を知っておくことが大切なんだ。

設定も必要なんですか？

管理者があらかじめ設定することもできるけれど、自分でも作れるんだ。まずはチームやチャネルを作ってみよう。

チャットやビデオ会議を使ってみよう

チャットやビデオ会議はどうやればいいんですか？

チャットは、チャネルにメッセージを投稿するだけ。ビデオ会議はすぐに開始したり、スケジュールを設定して開催したりできるよ。

チャネルにメッセージを投稿すれば、チームでコミュニケーションできる

これなら、同僚や上司との連絡に使えそうです。早速、プロジェクトについて相談してみることにします。

レッスン 23 チームとチャネルとは

Teamsの概要

Teamsを使うには、「チーム」と「チャネル」という2つの考え方を理解しておくことが重要です。それぞれをどう使い分けるのか？ 誰がどのように管理すればいいかを確認しましょう。

キーワード

Teams	P.236
チーム	P.237
チャネル	P.237

チームとチャネルの使い分け

Teamsにおける「チーム」は情報を共有する単位です。一般的には、部署やプロジェクトごとに作成します。一方、「チャネル」はチーム内に作成される情報のサブカテゴリーで、話題やタスクごとに作成します。使い方に決まりはないため、組織ごとに工夫して利用するといいでしょう。

用語解説
パブリック

チームやチャネルの種類。パブリックチームやパブリックチャネルは、組織のメンバーなら誰でも自由に参加できます。

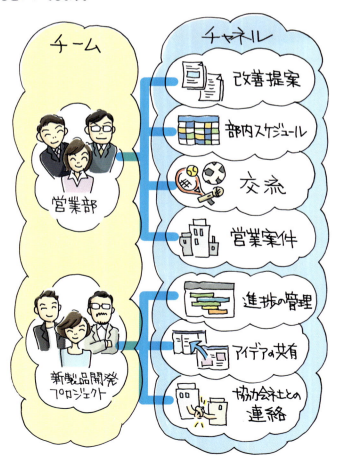

用語解説
プライベート

チームやチャネルの種類。プライベートチームやプライベートチャネルは、管理者や所有者が招待した場合のみ参加できます。

作成と運用のルールが必要

Teamsを効率的に運用するコツは、チームとチャネルのルールをあらかじめ決めておくことです。標準では、組織のユーザーであれば誰でもチームやチャネルを作成できます。ただし、チームやチャネルが乱立すると、管理や利用が煩雑になり、本来の業務利用が難しくなることがあります。作成目的や用途などのルールを定めたり、申請制にしたりするといいでしょう。また管理機能を使って、作成できる人を限定することもできます。

●チームとチャネルの管理

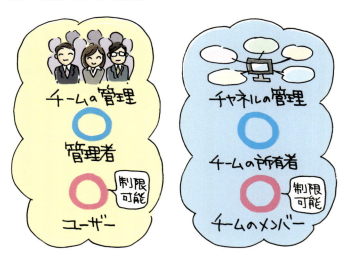

●チームとチャネルを適切に管理しないと……

チームやチャネルが乱立し管理が煩雑になる

ほかの機能が一緒に作成されリソースを消費する

使いこなしのヒント
組織の階層に従う必要はない

チームとチャネルは階層構造ですが、その構造と組織の階層を合わせる必要はありません。例えば、営業部に営業1課、営業2課という部署がある場合、「営業部チーム」の中に「営業1課チャネル」と「営業2課チャネル」を作るのは避けましょう。チャネルの中にチャネルを作成できないため、複数の話題やタスクを管理しにくくなります。「営業部全体のチーム」「営業1課のチーム」「営業2課のチーム」と、人の単位ごとにチームを作成し、いろいろな話題ごとにチャネルを作成したほうが情報を整理しやすくなります。

スキルアップ
チームやチャネルの作成を制限するには

チームの作成を制限するには、管理者による設定が必要です。Microsoft 365管理センターの［ID（Microsoft Entra管理センター）］で、［グループ］の［グループ設定］にある［Microsoft 365グループ］の作成を［いいえ］に変更しましょう。チャネルの作成を制限するには、Teamsの［チームの管理］画面で［設定］タブにある［メンバーアクセス許可］で［メンバーにチャネルの作成と更新を許可する］をオフに変更します。

まとめ
事前に使い方を検討しよう

Teamsを効率的に運用するには、事前の設計が重要です。特にチームは、どのような単位で作成するかというルールを決めておかないと、話題が重複したり、分散したりして、コミュニケーションが複雑になってしまう可能性があります。チャネルに関しては、チーム内での自由な運用を許可した方が柔軟に使えますが、チームに関しては事前の設計が重要です。

レッスン 24 Teamsを契約するには

ライセンス

利用するMicrosoft 365のプランによっては、別途、Teamsの契約が必要になる場合があります。Teamsの利用に必要な契約について確認しておきましょう。

キーワード
Teams	P.236
Teams Premium	P.236
マーケットプレース	P.237

大企業向けのMicrosoft 365では別契約になる

Microsoft 365のプランのうち、一般法人向けのMicrosoft 365 Business PremiumにはTeamsのライセンスを含むプランと、含まないプランMicrosoft 365 Business Premium（Teamsなし）の2種類があります。このため、Teamsが含まれているプランを選択すれば、標準でTeamsを利用可能です。一方、大企業向けのMicrosoft 365 E3 / E5は、Teamsが含まれないMicrosoft 365 E3 / E5（Teamsなし）プランが標準です。Teamsが含まれていないプランの場合は、別途、Microsoft Teams Enterpriseを契約しましょう。

使いこなしのヒント
Teams Premium って何？

Teamsには、ベースのライセンスとは別にTeams Premiumというプランも用意されています。Teams Premiumは、Teamsをより便利に使うためのアドオンライセンスです。会議のカスタマイズ（ブランドロゴ等）、AIによる会議要約などの機能を利用することができます。

●Microsoft 365 Business Premiumの場合

プランにTeamsライセンスが含まれるのですぐに使用できる

使いこなしのヒント
Teamsなしプランはどう買うの？

Microsoft 365 Business PremiumのTeamsなしプランは、以下のWebページから購入できます。1ユーザーあたりの月額料金は2,961円（2025年1月時点）となっており、Teamsを使わない場合は、費用を抑えることができます。

▼Microsoft Teams が含まれないプラン
https://www.microsoft.com/ja-jp/microsoft-365/business/compare-all-microsoft-365-business-products-no-teams

●Microsoft 365 Business Premium（Teamsなし）やMicrosoft 365 E3 / E5（Teamsなし）の場合

Teamsを利用するには、別途ライセンスを契約する必要がある

787円 @ユーザー /月（税抜き）

1 ライセンスを購入する

Microsoft 365では、管理センターの［マーケットプレース］画面からライセンスを購入できます。Teamsのライセンスを追加したい場合は、「Teams Enterprise」で検索し、ライセンスを購入しましょう。なお、ライセンスは購入しただけでは有効にならず、ユーザーに割り当てる必要があります。以下の方法で有効化しましょう。

レッスン16を参考に、管理者アカウントでMicrosoft 365管理センターにアクセスする

2 ライセンスを割り当てる

使いこなしのヒント
試用版もある

ライセンスによっては、一定期間無料で利用できる試用版が用意されていることがあります。機能を試したいときは「試用版」と記載されたライセンスを購入しましょう。一定期間、無料で利用できます。

使いこなしのヒント
自動更新される

Microsoft 365のライセンスは、標準でライセンスの自動更新が有効に設定されています。このため、1か月や1年などの購入期間が過ぎるタイミングで、自動的に契約が更新されます。うっかり更新を忘れて、サービスが使えなくなってしまうことを防げますが、不要なライセンスが自動更新される場合もあるので、管理センターの［課金情報］の［お使いの製品］で課金の状況を確認しましょう。［継続請求］をオフにすることで自動更新を停止することもできます。

まとめ
ライセンスを確認しておこう

Teamsが使えるかどうかは、利用しているMicrosoft 365のプランによって異なります。現在、どのプランを利用しているのかを確認し、必要に応じてTeamsのライセンスを追加しておきましょう。ライセンスを追加購入した場合は、ユーザーへの割り当ても必要です。忘れずに設定しておきましょう。

レッスン 25 Teamsを使うには

画面構成、初期設定

Teamsを使う準備をしましょう。まずはTeamsの画面構成を確認し、続いて、アプリの初期設定を行います。Teamsには個人用のサービスも用意されていますが、ここでは組織のアカウントに切り替えて利用します。

キーワード
Teams　P.236

使いこなしのヒント
Webアプリも利用できる
Teamsは、ブラウザーでも利用できます。以下にあるMicrosoft 365のWebページにアクセスし、[アプリ] の一覧から [Teams] を選択しましょう。ブラウザーとインターネット接続環境があれば、場所やパソコンを問わずTeamsを利用できます。なお、Web版のTeamsでは、アバターなど、一部の機能の利用が制限されます（2024年12月時点）。

▼Microsoft 365
https://www.microsoft365.com/

Teamsの画面を確認しよう

Teamsには、たくさんの機能が搭載されていますが、ここではメインとなるメッセージの投稿画面について紹介します。チームやチャネル、チームのチャットなど、基本となる機能を確認しましょう。なお、環境によっては、チームやチャネルが表示されないこともあります。事前に管理者がMicrosoft 365のグループ（第7章参照）やTeamsのチームを作成していた場合のみ表示されます。

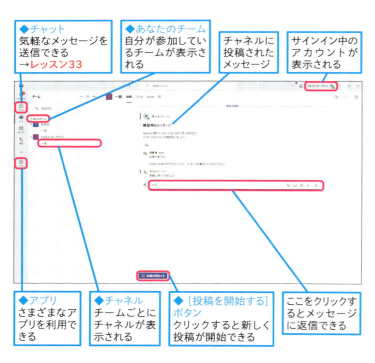

◆チャット
気軽なメッセージを送信できる
→レッスン33

◆あなたのチーム
自分が参加しているチームが表示される

チャネルに投稿されたメッセージ

サインイン中のアカウントが表示される

◆アプリ
さまざまなアプリを利用できる

◆チャネル
チームごとにチャネルが表示される

◆[投稿を開始する] ボタン
クリックすると新しく投稿が開始できる

ここをクリックするとメッセージに返信できる

ここに注意
Teamsは比較的、機能の追加が多いサービスとなっています。本誌は2024年12月時点の機能を紹介しています。このため、利用可能な機能や画面のデザインが異なる場合があります。

1 組織のアカウントでサインインする

Teamsアプリを使えるようにしましょう。Windows 11には標準でTeamsアプリが搭載されていますが、標準では個人用に構成されています。組織のアカウントを追加して、職場用に切り替えましょう。

［スタート］-［すべて］の順にクリックする

1 ［Microsoft Teams］をクリック

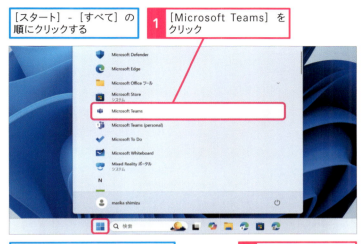

個人用のMicrosoftアカウントでTeamsアプリが起動した

2 アカウントアイコンをクリック

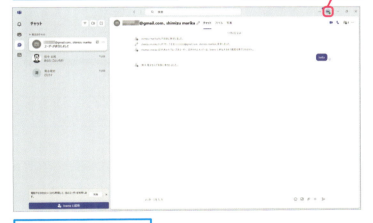

アカウント情報が表示された

ここでは、組織のアカウントに切り替える

3 ［別のアカウントを追加］をクリック

💡 使いこなしのヒント
アプリが統合された

以前、Teamsは個人用アプリと組織用アプリが別々に提供されていましたが、2024年12月時点では、個人用と組織用の両方に使えるアプリに統一されています。もし、手順1操作1の画面で複数のアプリが表示される場合は、アプリが古い可能性があります。以下のWebページから最新版のTeamsをダウンロードしましょう。

▼Microsoft Teamsダウンロード
https://www.microsoft.com/ja-jp/microsoft-teams/download-app#download-for-desktop1

💡 使いこなしのヒント
個人用アカウントではどう使う？

個人用のTeamsは、家族や友人との連絡用として利用できます。チャットやビデオ会議などを使って、気軽にコミュニケーションを楽しめます。組織用のアカウントに切り替えた後も、個人用を併用可能です。

●組織用アカウントを設定する

4 組織のアカウントをクリック

パスワードの入力画面が表示された

5 パスワードを入力

6 ［サインイン］をクリック

ここでは個人用パソコンを使うため、デバイス管理を有効化せず、アプリのみにサインインするように設定する

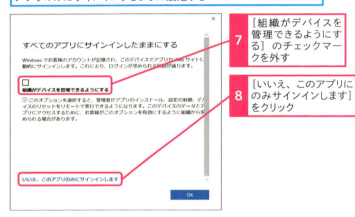

7 ［組織がデバイスを管理できるようにする］のチェックマークを外す

8 ［いいえ、このアプリにのみサインインします］をクリック

⚠ ここに注意

手順1操作4で組織用のアカウントが表示されないときは、［別のアカウントを使用］から手動で組織用のアカウントを入力しましょう。

⏱ 時短ワザ

タスクバーにピン留めしておこう

［スタート］メニューからTeamsを起動すると、標準では個人用のアカウントでサインインした状態の画面が表示されます。常に組織用のアカウントの画面を表示したいときは、組織用アカウントでTeamsを起動した状態で、タスクバーのアイコンを右クリックし［タスクバーにピン留めする］を選択します。以後、このアイコンから起動したときは、必ず組織用アカウントの画面が表示されます。

組織用アカウントでサインインした状態で、アイコンをピン留めしておく

💡 使いこなしのヒント

ユーザーを確認するには

現在、どのユーザーでサインインしているかは、Teamsアプリ右上にあるアカウントアイコンから確認できます。仕事で使う場合は、組織名や組織用アカウントのメールアドレスが表示されていることを確認しましょう。また、アイコンをクリックすることで、アカウントを確認したり、現在のステータスを変更したりできます。

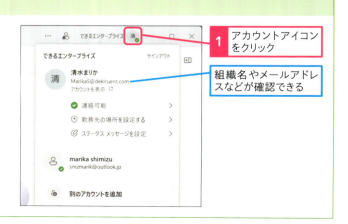

1 アカウントアイコンをクリック

組織名やメールアドレスなどが確認できる

2 Teamsの初期設定をする

位置情報の利用許可についての画面が表示された

1 ［はい］をクリック

2 ［続行］をクリック

必要に応じてテーマを設定する

3 ［了解］をクリック

組織用アカウントでTeamsが使えるようになった

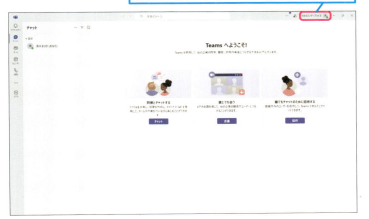

使いこなしのヒント
自分のパソコン以外で使うときは

貸出機など、自分のパソコン以外でTeamsを使いたいときは、この方法でアプリにサインインすると、その情報が記憶され、第三者にTeamsを使われる恐れがあります。アプリにはサインインせず、ブラウザーをプライベートモードなどにしてWeb版のTeamsを利用しましょう。

使いこなしのヒント
状態を通知できる

前ページの「使いこなしのヒント」にある画面で［連絡可能］をクリックすると、自分の状態を変更できます。［取り込み中］など、自分がチャットやビデオ会議に対応可能かどうかを通知できます。

まとめ
アカウントの使い分けを意識しよう

Teamsは、1つのアプリで個人用と組織用の環境を使い分けることができます。便利な半面、メッセージの投稿先を間違える可能性などがあるため、慎重な利用が必要です。ユーザーアイコンなどで、現在、どちらの環境で使っているのかを意識して使うことが大切です。

レッスン 26 チームを作成するには

チームの作成

Teamsに新しいチームを作成してみましょう。プロジェクトなどのチームを作成することで、メンバー同士での連絡や情報共有に活用できます。組織や用途ごとにチームを作成しましょう。

🔍 キーワード

Teams	P.236
チーム	P.237

💡 使いこなしのヒント

設定済みのチームが表示されることがある

Teamsには、標準で組織全体のチームが作成されています。また、管理者が部門などでMicrosoft 365グループを作成している場合は、グループごとのチームも自動的に表示されます。

1 チームの作成を開始する

チームは、組織のルールに従って作成する必要があります。部門ごとのチームは管理者が作成するのが一般的なので、第7章を参考に作成してください。ここでは、一時的なプロジェクトなどに使うチームを作成します。

レッスン25を参考に、組織用アカウントでTeamsを起動しておく

1 [チーム] をクリック

標準で参加しているチームが表示される

2 [+] をクリック

3 [チームを作成] をクリック

⚠ ここに注意

Teamsアプリのバージョンや設定によっては、画面左のアイコンに[チーム]が表示されないことがあります。表示されていない場合は、[チャット]に統合されているので、[チャット]をクリックしましょう。

2 チームの情報を入力する

[チームの作成] ダイアログボックスが表示された

1 チーム名を入力
2 チームの説明を入力

ここでは、プライベートチームを作成する

チームの種類を変更する場合は、下表を参考に変更する

3 最初のチャネル名を入力

4 [作成] をクリック

● チームの種類の違い

参加できるメンバーの違いによって、チームの種類を選択できる

チームの種類	説明
①プライベート	招待したユーザーのみが参加できるチーム。限られたメンバーのプロジェクトなどに利用する
②パブリック	組織のメンバーなら誰でも参加できるチーム。社内サークルや交流などを目的としたチームに利用する
③組織全体	組織のメンバー全員が参加するチーム。全社員が関係する活動に利用する

使いこなしのヒント
チームを作成できない場合もある

管理者が、ユーザーによるチームの作成を制限している場合は作成できません。管理者に問い合わせたり、組織の申請手続きを利用したりして、新しいチームを作成してもらいましょう。

使いこなしのヒント
最初のチャネル名はどうすればいい?

手順2操作1で設定する[チャネル名]は、チーム内に最初に作成するチャネルの名前です。チャネル名が決まっていないときは、[一般]や[全体]など汎用的な用途に使える名前を設定しましょう。

⚠ ここに注意

チーム名や説明などは後から変更できます。チームの所有者の場合は、チーム名の右側の[…]から[チームを管理]を選択し、[設定]タブで情報を編集できます。

3 メンバーを追加する

続けてチームにメンバーを追加する

1 名前の一部を入力

2 候補からメンバーを選択

操作1〜2と同様にメンバーを複数名追加する

ここをクリックするとメンバーの種類を変更できる

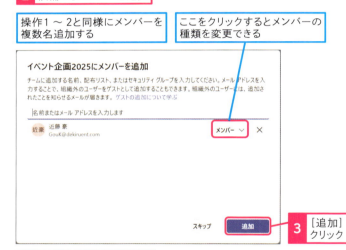

3 [追加]をクリック

作成したチームが表示される

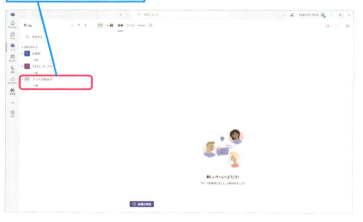

使いこなしのヒント
チームを削除するには

チームを削除したいときは、チーム名右側の[…]から[チームの削除]を選択します。ただし、チームを削除すると、会話や関連付けられているグループなど、すべての情報や設定が削除されます。データを削除せずにチームを終了させたいときは、[アーカイブ]を利用します。アーカイブの場合、後からチームを再度アクティブにできます。

使いこなしのヒント
メンバーの種類を選択できる

チームの参加者は、[メンバー]と[所有者]の2種類です。メンバーは、通常の参加者で投稿されたメッセージを読んだり、返信したりできます。所有者は、メンバーを変更したり、新しい投稿を開始したりすることが可能な高い権限をもっています。

使いこなしのヒント
メンバーを追加するには

チームにメンバーを追加したいときは、チーム名を右クリックして[メンバーを追加]をクリックします。名前やメールアドレスを指定してメンバーを登録しましょう。

4 ほかのチームに参加する

ほかの人が作ったチームに参加したいときは、招待してもらうか、自分でチームを検索して参加します。ただし、自由に参加できるのは、チームが［パブリック］で作成されている場合のみとなります。

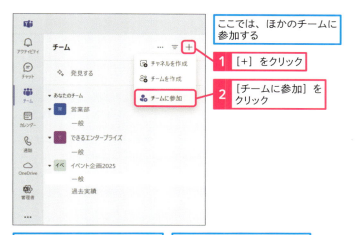

ここでは、ほかのチームに参加する

1 ［+］をクリック

2 ［チームに参加］をクリック

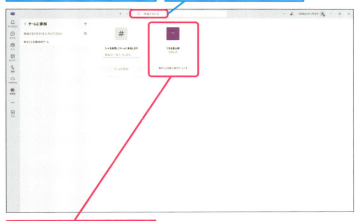

組織に登録されているチームが表示された

［検索］にチーム名の一部を入力して検索できる

3 参加したいチームをクリック

4 ［チームに参加］をクリック

使いこなしのヒント
設定を変更するには

チーム名を右クリックして［メンバーを管理］をクリックするとチームの詳細やメンバーのアクセス許可、通知の設定などを変更できます。ただし、変更できるのは、基本的にチームの所有者として設定されているメンバーとなります。

所有者はチームの設定を変更できる

使いこなしのヒント
コードを生成するには

手順2でコードを使って参加するには、あらかじめチームの所有者が参加用のコードを生成しておく必要があります。チームの設定画面の［チームコード］で参加用のコードを生成しましょう。

まとめ　チームの所有者になる

チームを作成すると、作成した人がチームの所有者になります。所有者は、チームにメンバーやチャネルを追加したり、設定を変更したり、チームを削除したりと、チームを管理する権限が与えられます。チームの運営と情報共有に責任をもって活動しましょう。

レッスン 27 チャネルを作成するには

チャネルの作成

作成したチームの中にチャネルを作成してみましょう。チャネルは、チーム共通の話題やタスクなどを話し合う場所となります。何についてのチャネルなのかが分かる名前を付けましょう。

キーワード

Teams	P.236
チャネル	P.237

💡 使いこなしのヒント
チャネルの中にチャネルは作れる？

チャネルは複数作成できます。ただし、チャネルの中にチャネルを作ることはできません。Teamsでは、「チーム→チャネル」というシンプルな階層構造のため、複雑な組織構造をそのまま適用することなどはできません。

1 チャネルの作成を開始する

ここではチームのメンバー全員が参加できるチャネルを作ります。メンバーの限定もできるので、用途に合わせて設定を変更しましょう。作成したチャネルは、すぐに全メンバーに表示されます。

レッスン25を参考に、組織用アカウントでTeamsを起動しておく

1 [チーム]をクリック

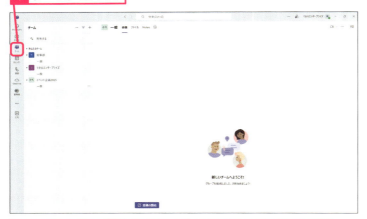

参加しているチームの一覧が表示される

ここでは、レッスン26で追加したチームにチャネルを作成する

2 チーム名を右クリック

3 [チャネルを追加]を選択

💡 使いこなしのヒント
どんなチャネルを作ればいいの？

チャネルは、チームで話し合うべきことやタスクごとに作るのが一般的です。例えば、総務部のチームに「社内イベント」や「社内規定見直し」などのチャネルを作るといったように、チーム内の会議で話題になることや年間のスケジュールで決まっている行事、特定の業務などに関するチャネルを作成します。

2 チャネル名などを設定する

[チャネルの作成] ダイアログボックスが表示された

1 チャネル名の入力欄をクリック

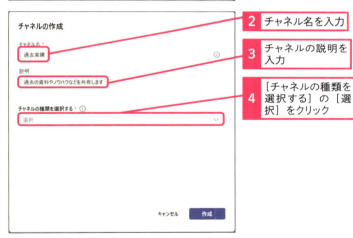

2 チャネル名を入力
3 チャネルの説明を入力
4 [チャネルの種類を選択する]の[選択]をクリック

チャネルの種類が表示された

ここではチームのメンバー全員が参加する[標準]を選択する

5 チャネルの種類を選択

使いこなしのヒント
用途や目的を分かりやすく

チャネル名は、何について話し合うのか、どのような情報を共有するのかが判断しやすい名前にする必要があります。ただし、扱う話題が狭くなるような名前にすると、同じようなチャネルが複数作成され、話題が分散しやすくなります。ある程度の汎用性をもたせることも大切です。

使いこなしのヒント
チャネルの種類は3つある

チャネルには、参加できるメンバーの違いによって3つの種類があります。[標準] はチームのメンバー全員が参加可能、[共有済み] はチームのメンバー以外も参加可能、[プライベート] は特定のユーザーのみが参加可能となっています。通常は[標準] で作成し、社内横断的なプロジェクトは [共有済み] で、限られたメンバーのみの場合は [プライベート] で作成します。

ここに注意

チャネルの種類は後から変更できません。作成時に用途をよく考えて種類を選択する必要があります。

●チャネルを作成する

時短ワザ

よく使うチャネルは[お気に入り]に登録しよう

チャネルの数が多くなり、目的のチャネルが見つけにくくなったときは、よく使うチャネルを[お気に入り]に登録しておくといいでしょう。チャネル名にマウスポインターを合わせると右端に表示される[…]をクリックし、[以下に表示する]から[お気に入り]を選択すると、新たに[お気に入り]というセクションが追加され、そこに登録されます。同様に、カテゴリーごとのセクションを作成してチャネルを整理も可能です。

使いこなしのヒント

使わないチャネルは非表示に

あまり使わないチャネルは非表示にできます。チャネル名の右側に表示される[…]をクリックしてから[非表示]を選択すると、一覧に表示されなくなります。非表示にしたチャネルがある場合は、一覧に[すべてのチャネルを表示する]という項目が表示されるので、ここをクリックするとすべて表示できます。

3 チャネルの権限を変更する

[標準]で作成したチャネルでは、メンバーの誰もが新しい投稿を開始できます。投稿の乱立を避けたい場合は、モデレーターを設定し、特定のメンバーだけが新しい投稿を開始できるようにしましょう。

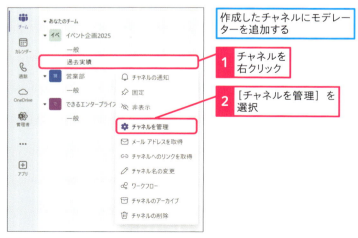

ここに注意

不要になったチャネルは削除できます。ただし、チャネル内のメッセージやファイルなども削除されます。内容を残しておきたいときは、アーカイブで読み取り専用として保管しましょう。アーカイブしたチャネルは、後から復元可能です。

●モデレーターを追加する

画面右にチャネルの管理画面が表示された

3 [チャネルのモデレーション] を [オン] に設定

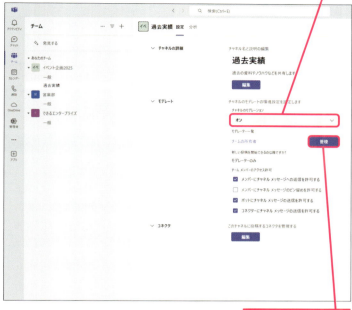

4 [管理] をクリック

[モデレーターを追加 / 削除] ダイアログボックスが表示された

5 モデレーターに指定したいユーザーの名前を入力

6 ユーザーを選択

7 [完了] をクリック

チャネルにモデレーターが設定される

使いこなしのヒント

メールでも投稿できる

チャネルにはメールでもメッセージを投稿できます。チャネル名の右側に表示される [...] から [メールアドレスを取得] を選択した後、そのメールアドレス宛にメッセージを送ると投稿できます。

スキルアップ

チャネルにワークフローを設定できる

前ページにある手順3操作1のメニューに表示されている [ワークフロー] は、さまざまな処理を組み合わせた自動処理ができる機能です。例えば、Plannerに登録されたタスクの状態が変化したら（進捗に変化があったら）、チームに通知を表示することなどができます。詳しくは第6章のレッスン51で解説します。

まとめ　計画的に運用しよう

組織でTeamsをうまく運用するには、ある程度のルールが必要です。しっかりと用途を検討してチームやチャネルを作成したり、状況に応じて種類や権限を設定したりしましょう。しかしながら、使い方は組織によって異なるため、はじめからルールを決めるのは難しいでしょう。使いながら、ルールを修正していくといいでしょう。

レッスン 28 チームでコミュニケーションするには

メッセージ、アナウンス

チームやチャネルの準備ができたら、Teamsを使ったコミュニケーションを実際に試してみましょう。まずは、Teamsの基本となるメッセージのやり取りついて解説します。

🔍 キーワード

Teams	P.236
アナウンス	P.236

1 メッセージを確認する

Teamsに投稿されたメッセージを見てみましょう。Teamsの［チーム］を開くと、自分が参加しているチームが表示されます。見たいチャネルをクリックすると、そこに投稿されたメッセージが確認できます。

> レッスン25を参考に、組織用アカウントでTeamsを起動しておく

1 ［チーム］をクリック

参加しているチームの一覧が表示された

2 メッセージを読みたいチャネルをクリック

チャネルに投稿されたメッセージが表示された

💡 使いこなしのヒント
何も表示されないときは

Microsoft 365の導入初期段階では、誰もTeamsを使っていない可能性があります。その場合、メッセージも投稿されていないため、何も表示されません。管理者の場合は、テストとして、最初のメッセージを投稿してみましょう。

💡 使いこなしのヒント
通知設定を変更するには

Teamsでは、自分宛の返信やメッセージが投稿されたときに通知が表示されます。通知の頻度を変更したいときは、メッセージ画面の右上にある［…］-［設定］の順にクリックし、［通知とアクティビティ］で通知する項目を変更します。

⚠ ここに注意

アプリのバージョンや設定によっては、手順1操作1の画面に［チーム］が表示されない場合があります。［チャット］からチームやチャネルを選択しましょう。

2 メッセージに返信する

ほかの人がチャネルに投稿したメッセージに返信してみましょう。返信したいメッセージを選択し、[返信]からメッセージを投稿できます。最初は、雑談などのチャネルを探して練習するといいでしょう。

ここでは、手順1で表示したメッセージに返信する

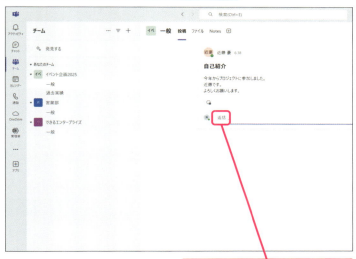

1 メッセージの[返信]をクリック

メッセージが入力できるようになった

2 返信内容を入力

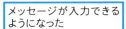

3 [送信]をクリック

返信メッセージが投稿できた

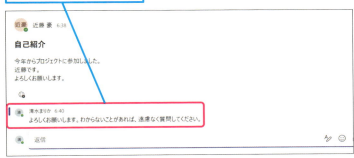

使いこなしのヒント
改行するには

メッセージを返信するときは、[Enter]キーを押すとメッセージが送信されます。メッセージを改行したいときは、[Shift]+[Enter]キーを押します。

ここに注意

間違えて投稿した場合は、メッセージにマウスポインターを合わせ、[…]から[削除]を選ぶとメッセージを削除できます。ただし、画面に[削除されました]と表示され、ほかのメンバーにも削除したことが分かるようになっています。

削除されたことが表示される

時短ワザ
文字で返信する代わりにリアクションを利用する

返信メッセージを考える余裕がないときは、リアクションで返信することもできます。投稿されたメッセージにマウスポインターを合わせると、[リアクション]と呼ばれるアイコンが表示されるので、ここから選びます。

リアクションで感情などを簡単に伝えられる

ここをクリックすると、さらに多くの絵文字が表示される

次のページに続く

3 新しい投稿を開始する

Teamsでは、メッセージがスレッド単位で管理されます。新しい話題を扱うスレッドを開始したいときは、[投稿の開始] からタイトルや内容を設定してメッセージを投稿します。

使いこなしのヒント
新しい投稿は Enter キーで改行できる

返信の操作と異なり、投稿では Enter キーで文章を改行できます。もちろん、Shift + Enter キーを押しても改行できます。

任意のチャネルに新しくメッセージを投稿する
1 メッセージを投稿したいチャネルをクリック
2 画面下の [投稿の開始] をクリック

投稿画面が表示された
3 件名を入力
4 最初のメッセージを入力
5 [投稿] をクリック

使いこなしのヒント
文字を装飾するには

新しい投稿では、文字を装飾することができます。重要な部分を太字にしたり、フォントの色やサイズを変えたりと、見やすくなるように工夫するといいでしょう。

チャネルに新しいメッセージを投稿できた

使いこなしのヒント
投稿後に編集するには

投稿後にメッセージを修正したり、内容を追加したりしたいときは、メッセージにマウスポインターを合わせて、[編集]（ ✎ ）をクリックします。

4 アナウンスを投稿する

Teamsでは、新しい投稿の種類として［投稿］と［アナウンス］の2つを選択できます。アナウンスを利用すると、画像などを使ったバナーを表示し、よりメッセージを目立たせることができます。

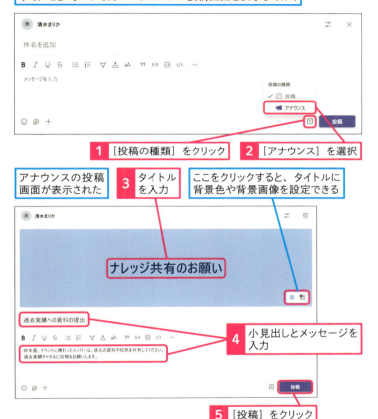

アナウンスが投稿された／背景画像を設定するとより目立つ投稿になる

時短ワザ
メッセージをピン留めするには

会話が活発なチャネルでは、投稿や返信が多くなると、過去のメッセージが見えなくなってしまうことがあります。重要なメッセージは、メッセージにマウスポインターを合わせて［…］-［ピン留めする］の順にクリックしましょう。メンバー全員にピン留めされ、メッセージが目立つようになります。ピン留めされたメッセージは、右上の［チャネルの詳細を開く］（←）をクリックするか、Alt＋Pキーを押して表示される画面から確認できます。

まとめ　気軽に使ってみよう

Teamsのチームやチャネルは、チームで気軽にコミュニケーションできる機能です。仕事の会話や情報をする場として非常に役立ちます。最初は誰もが様子が分からず、積極的に使うのを遠慮しているかもしれません。まずは、気軽に使える雑談用のチャネルなどを用意し、メッセージの読み方や投稿を気軽に試せるようにするといいでしょう。

レッスン 29 いろいろな情報を投稿するには

ファイル投稿

チャネルには、メッセージだけでなく、ファイルなどのデータも投稿できます。ファイルをTeams上で共有すれば、チームの共同作業や意思決定がスムーズになります。

キーワード
Teams　　　　　　　　P.236

使いこなしのヒント
リンクでもデータを共有できる

外部のクラウドストレージなどにあるデータやWeb上に公開されているデータの場合は、リンクをメッセージとして貼り付けることで共有できます。

1 返信メッセージにファイルを添付する

パソコンに保存されているファイルをチャネルに投稿してみましょう。チャネルのメンバーと簡単にファイルを共有できます。

レッスン28を参考に、メッセージの返信画面を表示しておく

1 メッセージを入力
2 [+] をクリック
メニューが表示された
3 [ファイルを添付] をクリック
ここでは、自身のパソコンにあるファイルを添付する
4 [このデバイスからアップロード] をクリック

使いこなしのヒント
OneDriveやSharePointからも添付できる

手順1操作4の画面で、[クラウドファイルの添付] を選択すると、Microsoft 365のOneDriveやSharePointに保存されているファイルを添付できます。

● 添付ファイルを選択する

ファイルが添付できた

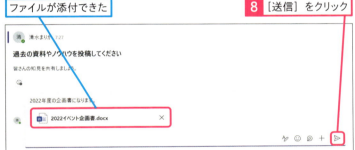

2 投稿されたファイルを確認する

投稿されたファイルは、Teamsの［ファイル］タブからまとめて表示できます。投稿元のメッセージを探さなくても、ここから簡単に確認できます。

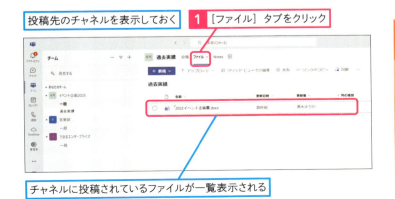

使いこなしのヒント
投稿されたファイルを開くには

投稿されたファイルがOffice文書の場合は、クリックするとMicrosoft 365のWeb版Officeが起動し、ファイルを表示したり、編集したりできます。

スキルアップ
いろいろな投稿ができる

手順1操作3の画面には、Teamsに組み込まれたさまざまな機能が表示されます。例えば、［Polls］を利用すると、質問と選択肢を用意した簡単なアンケートを実施できます。チームの方向性を多数決などで決めたいときなどに活用するといいでしょう。

簡単なアンケートも投稿できる

まとめ　情報共有に活用できる

Teamsは、メッセージだけでなく、ファイルなどのデータを共有する場としても活用できます。各メンバーが作成したファイル、共同で作り上げる文書、参照してほしい資料など、さまざまなファイルを共有することで、チームの生産性を向上させることができるでしょう。

29 ファイル投稿

できる　107

レッスン 30 オンライン会議をするには

新しい会議

Teamsでオンライン会議を開催してみましょう。音声や映像を使ったコミュニケーションを簡単に実現できます。他拠点のメンバーとの会議やリモートワークでの打ち合わせなどに活用しましょう。

1 会議の予定を登録して開催する

Teamsでのオンライン会議を開催する方法はいくつかありますが、最も一般的なのは参加者や日時を指定する方法です。基本となる会議の開催方法を確認しておきましょう。

レッスン25を参考に、組織用アカウントでTeamsを起動しておく

1 ［カレンダー］をクリック
2 ［新しい会議］をクリック

［新しい会議］ダイアログボックスが表示された

3 会議のタイトルを入力

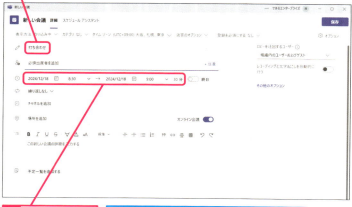

4 開催日時を設定　　必要に応じて、会議の詳細なども入力する

🔍 キーワード

Teams	P.236
アバター	P.236
ロビー	P.237

⏱ 時短ワザ
［今すぐ会議］ですぐ開催できる

緊急の要件や、チャットなどでタイミングよく開催の合意が取れたときなどは、画面上部の［今すぐ会議］をクリックすることで、時間指定などの設定を飛ばしてすぐに会議を開催できます。開催後に相手を招待して会議を始めましょう。

💡 使いこなしのヒント
日時は変更できる

会議の日時は後から変更できます。登録した会議をクリックして日時を変更したり、［カレンダー］画面に表示された会議の予定をドラッグしたりすることで変更できます。変更された日時は、自動的に参加者に通知されます。

⚠ ここに注意

手順1の［カレンダー］画面には、自分の予定が表示されています。会議を開催するときは、ほかの予定と時間が重複しないようにスケジュールを調整しましょう。

● 参加メンバーを選択する

5 名前またはメールアドレスの一部を入力　組織内のユーザーが表示される

6 ユーザーを選択　参加者を登録できた

外部の参加者はメールアドレスで登録する

すべての参加者を登録できた　　7 ［送信］をクリック

会議の予定が登録された　参加者に招待メールが送信される

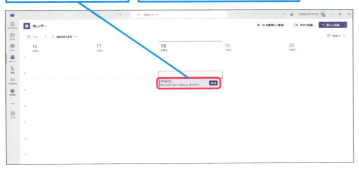

使いこなしのヒント
外部ユーザーはメールで招待

Teamsの会議には、組織内のユーザーだけでなく、外部のユーザーも招待できます。出席者の入力欄に、招待したい人のメールアドレスを入力しましょう。外部のユーザーにも、同様にメールで相手に招待状が届きます。

使いこなしのヒント
メールでも招待が届く

参加者に指定したユーザーには、メールで会議の案内が届きます。メールに記載されたリンクからも会議に参加できます。

使いこなしのヒント
アクティビティから確認できる

会議への招待など、自分が関連するTeamsのイベントは［アクティビティ］で確認できます。画面左側の［アクティビティ］をクリックすれば、招待された会議やメッセージの返信など、さまざまな情報を確認できます。

2 会議に参加する

会議の時間が近づくと、カレンダーの予定に［参加］というボタンが表示されます。このボタンをクリックして会議を開始しましょう。映像や音声を確認してから会議に参加します。

手順1で作成した会議に参加する　　1 会議の予定の［参加］をクリック

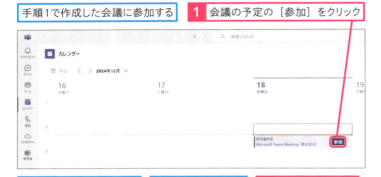

環境に合わせてカメラやマイクの設定を確認する　　ここではアバターを使って参加する　　2 ［今すぐ参加］をクリック

会議が開始された　　3 ほかの人が参加するまで待つ

使いこなしのヒント
マイクはミュートが基本

会議に参加するときは、基本的にマイクをミュートした状態で参加することをおすすめします。周囲の雑音、マウスやキーボードの打鍵音などが入ることを避けられます。普段はミュートして、発言するときだけ、マイクをオンにするといいでしょう。

使いこなしのヒント
背景をぼかすには

カメラの映像を利用する場合、手順2操作2の画面で［ビデオの特殊効果］タブを選択することで、背景をぼかしたり、別の背景を表示したりすることができます。在宅勤務などで部屋の様子を映したくない場合などに活用しましょう。

1 ［ビデオ特殊効果］タブをクリック

背景のぼかしなどが設定できる

👍 スキルアップ

アバターを使うには

Teamsでは、カメラ映像の代わりにコンピューターグラフィックを利用したアバターを自分の姿として表示できます。アバターは、Teamsの追加アプリとして提供されているので、[アプリ]画面でインストールし、自分のアバターを作成しておきましょう。設定後、Teamsアプリを再起動すると、会議の開始時に[エフェクトとアバター]から作成したアバターを表示できます。なおアプリの追加方法は、レッスン34でも紹介しているのであわせて確認してください。

[アプリ]画面で[アバター]を検索する

1　[追加]をクリック

案内に従ってアバターを作成する

3　外部ユーザーの参加を許可する

外部のユーザーを招待したときは、参加の許可操作が必要です。外部の参加者は許可されるまで[ロビー]で待機した状態になっているので、忘れずに許可操作をしましょう。

ロビーで待機している参加者がいることが通知される

1　参加者名を確認

2　[参加許可]をクリック

外部ユーザーが会議に参加できた

まとめ　柔軟に会議を開催できる

Teamsを利用すると、場所を問わず簡単にオンライン会議を開催できます。時間やメンバーの設定が簡単で、日時の変更も自動通知されます。チームのメンバーとの会議、担当者との相談、外部の協力者との打ち合わせ、在宅勤務時のミーティング参加など、さまざまなシーンで活用するといいでしょう。

レッスン 31 会議の機能を活用するには

レコーディング、共有、チャット

会議を効率化するためのTeamsの機能を活用してみましょう。レコーディングで内容を記録したり、画面共有でプレゼンしたり、チャットで会話する方法を紹介します。

キーワード	
Teams	P.236
トランスクリプト	P.237
ブレークアウトルーム	P.237

時短ワザ
会議開始と同時に自動で録画できる

新しい会議の作成時、[その他のオプション]から[レコーディングとトランスクリプト]で[レコーディングと文字起こしを自動的に行う]をオンにします。

1 会議をレコーディングする

Teamsには、会議内容をクラウド上に録画する機能が搭載されています。会議の内容を後から振り返ったり、議事録の参考にしたりするためにレコーディングを有効にしておきましょう。

レッスン30を参考に、会議を開始しておく

1 [その他]をクリック

2 [レコーディングと文字起こし]を選択

3 [レコーディングを開始]を選択

スキルアップ
文字起こしを有効にするには

手順1操作3の画面に表示されている[文字起こしの開始]は、参加者の音声データを自動的にテキストデータに変換する機能です。文字起こしは標準では無効になっているので、管理者が有効にする必要があります。Microsoft 365管理センターから、Microsoft Teams管理センターを開き、[会議]の[会議ポリシー]にある[レコーディングとトランスクリプト]の項目で、[トランスクリプト]を[オン]に変更しましょう。なお、変更が反映されるまでには、しばらく時間がかかる場合があります。

Teams管理センターで[会議]の[会議ポリシー]を表示しておく

1 [トランスクリプト]をオンに設定

活用編 第4章 Teamsでコミュニケーションしよう

●レコーディングが開始された

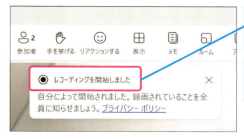

［レコーディングを開始しました］と表示された

会議の映像と音声がクラウド上に録画される

2 画面を共有する

会議中にPowerPointの資料などを表示して説明したいときは、画面を共有します。あらかじめ資料を開いておき、共有画面の一覧から目的のウィンドウを選択しましょう。

ここでは、特定のアプリで開いた画面のみを共有する

画面を共有したいアプリを起動しておく

1 ［共有］をクリック

2 ［ウィンドウ］をクリック

パソコン上で開いているウィンドウの一覧が表示された

ここでは、PowerPointの画面を共有する

3 共有したいアプリのウィンドウを選択

使いこなしのヒント
ファイルの一覧が表示される

環境によっては、手順2操作1の画面に最近使ったファイルが一覧表示されます。目的のファイルが表示された場合は、そのファイルを共有することもできます。

スキルアップ
ホワイトボードも共有できる

会議で意見をまとめたり、手書きのイラストなどを共有したりしたいときはホワイトボードを共有します。手順2操作1の画面で［Microsoft Whiteboard］を選択するとホワイトボードが起動し、手書きの画面を共有できます。

スキルアップ
Excel Liveって何?

手順2操作1の画面に表示される［Excel Live］は、Excelの画面を共有するだけでなく、会議の参加者もExcelを操作しながら共同作業できる機能です。担当者ごとにデータを入力するなど、共同作業する場合に便利です。

●画面が共有できた

アプリ画面が共有され、共有範囲を示す罫線が表示された

画面上部の［共有停止］をクリックして、画面共有を終了しておく

> **使いこなしのヒント**
>
> **発言したいときは**
>
> 会議中に発言したいときは、ツールバーにある［手を挙げる］ボタンを利用します。ほかの参加者に手を挙げていることが表示されるので、司会者が許可すると発言可能になります。

3 会議中にチャットする

音声と映像を利用せず、文字で会話することもできます。発表者の発言を止めずに質問したいときなどに利用すると便利です。

続けて、会議の出参加者とチャットでやり取りする

1 ［チャット］をクリック

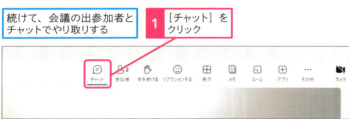

画面右に［会議チャット］ウィンドウが表示された

［メッセージを入力］に文字を入力後、［送信］をクリックすると投稿できる

> **使いこなしのヒント**
>
> **ブレークアウトルームって何？**
>
> ブレークアウトルームは、セミナーやグループワークなどで活用する機能です。最初に全体で会議を始め、その後、議題ごとにメンバーを分けて個別に会議を継続することができます。

4 会議を終了する

会議を終了するときは［退出］ボタンをクリックします。［退出］は自分だけが会議を退出するときに、［会議を終了］は全参加者で会議を終了するときに選択します。

1 ［参加者］をクリック
ほかの参加者全員が、会議から退出したことを確認する
2 ［退出］のここをクリック
3 ［会議を終了］をクリック
会議が終了する

5 レコーディングを確認する

会議の終了後、しばらく経つとレコーディングが保存されます。保存されたレコーディングは、［チャット］画面から確認できます。チャットの一覧から参照したい会議を選択しましょう。

会議終了後、会議のチャットが自動的に作成される
1 ［チャット］をクリック
2 会議のチャットをクリック
レコーディングデータが表示された
レコーディングが作成されるまで時間がかかることがある
動画をクリックすると再生される

使いこなしのヒント
クラウドに保存される

レコーディングされたデータはクラウドに保存されます。パソコンに保存されるわけではありません。会議の参加者はレコーディングされたデータにアクセスできますが、外部のユーザーは許可されていないためアクセスできません。外部ユーザーも参照できるようにするには、レコーディングをStreamで開いて、共有する必要があります。

ここに注意

レコーディングは保存される期間に期限があります。標準では120日に設定されており、期限が過ぎると自動的に削除されます。会議の主催者は、映像の下に表示されている［有効期限の設定］から期限を変更できます。

使いこなしのヒント
カレンダーからも参照できる

レコーディングは、チャット画面だけでなく、カレンダーの画面からも確認できます。カレンダーで終了した会議をクリックし、［編集］を選択すると［詳細］タブからレコーディングを参照できます。

まとめ　基本機能を押さえておこう

Teamsで会議を開催するときに最低限、知っておきたいのが、このレッスンで紹介したレコーディング、画面共有、チャット、退出の機能です。Teamsにはさまざまな機能が搭載されていますが、この基本機能を押さえておけば普段の会議やミーティングで困ることはありません。会議に参加する前に確認しておきましょう。

レッスン 32 チームで会議を開始するには

会議のスケジュール設定

Teamsでは、さまざまな方法で会議を開催できます。カレンダーではなく、チームのチャネルから会議を開催してみましょう。チャネルと会議を関連付けることができます。

キーワード

Teams	P.236
チーム	P.237
チャネル	P.237

1 チャネルに会議の開催を投稿する

チャネルで会議を開始すると、会議の開催をメンバーに知らせ、メンバーはすぐに会議に参加できるようになります。チャネル内のメンバーだけで、今すぐに会議したいときなどにも便利です。

使いこなしのヒント
**カレンダーからも
チャネルを指定できる**

カレンダーから新しい会議を作成する際も、［新しい会議］ダイアログボックスに表示されている［チャネルを追加］にチャネルを指定すれば会議をチャネルと関連付けできます。同様に、チャネルに会議の予定が投稿され、チャネル上からも会議に参加できます。

レッスン28を参考に、［チーム］画面を表示しておく

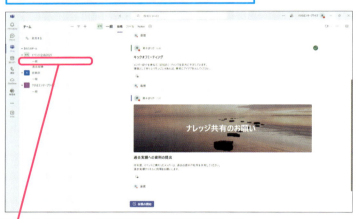

1 会議をしたいメンバーがいるチャネルをクリック

2 ここをクリック

3 ［会議のスケジュール設定］をクリック

時短ワザ
［今すぐ会議］ですぐに開催できる

手順1操作2の下の画面でビデオアイコンをクリックするか、操作3で［今すぐ会議］を選択すると、すぐに会議を開催できます。チャネルに会議のメッセージが投稿されるので、参加可能なメンバーは、そのメッセージからすぐに参加できます。

●会議を設定する

［新しい会議］ダイアログボックスが表示された

4 チャネルが設定されていることを確認

レッスン30を参考に、会議のタイトルや日時などを設定しておく

5 ［送信］をクリック

使いこなしのヒント
メッセージが会議中になる

チャネルに投稿されたメッセージは、会議が開始されると「会議中」という表示に切り替わり、経過時間も表示されます。このため、チャネルのメッセージを見た参加者は、開催中の会議に後から参加できます。

2 チャネルに投稿された会議に参加する

会議のスケジュールがチャネルに投稿された

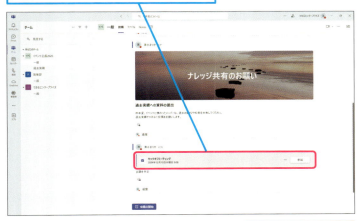

1 ［参加］をクリック

レッスン30を参考に、会議に参加する

まとめ 参加者を指定しなくていい

チャネルから会議を開催するメリットは、参加者を指定する必要がない点です。チャネルに会議の情報が投稿されるため、チャネルに参加しているメンバー全員に会議を通知できます。部署やプロジェクトの定例会議など日時が決まっている会議、特定のメンバーがいるチャネルで参加可能な人だけ参加してくれればいいという会議などで便利です。

レッスン 33 直接コミュニケーションするには

チャット

Teamsを1対1の面談や電話の代わりとして利用してみましょう。[チャット]を利用すると、指定したユーザーと直接ビデオ通話や音声通話ができたり、メッセージをやり取りしたりできます。

 🔍 キーワード	
Teams	P.236

> 💡 **使いこなしのヒント**
> **会議の情報も表示される**
>
> [チャット]画面には、特定の相手との会話だけでなく、会議のレコーディングやチャットなどの情報も表示されます。個人的なチャットだけが表示されるわけではありません。

1 新しいチャットを開始する

レッスン25を参考に、組織用アカウントでTeamsを起動しておく

1 [チャット]をクリック

ここでは、今までにチャットしたことがない相手と新しいチャットを開始する

2 [新しいメッセージ]をクリック

名前やメールアドレスの一部を入力するか、一覧から選択する

3 会話したい相手を指定

チャットが開始できるようになった

レッスン28を参考に、メッセージを送信する

> 💡 **使いこなしのヒント**
> **文字による会話をするには**
>
> ここでは直接ビデオ通話を開始しましたが、事前に文字によるメッセージで相手との会話もできます。画面下のメッセージ欄にメッセージを入力して送信しましょう。簡単な要件や相手の都合を尋ねる場合は、文字によるメッセージが便利です。

2 チャットからビデオ通話を開始する

通話したい相手とのチャット画面を表示しておく

1 ここをクリック
2 [ビデオ通話] をクリック

相手が呼び出される

3 相手が応答するまで待つ

相手が応答するとビデオ通話が開始される

使いこなしのヒント
過去の履歴が表示される

過去にチャットしたことがある相手の場合、過去の会話が記録されています。以前にチャットした内容を確認したい場合は、相手の名前をクリックして内容を確認しましょう。

使いこなしのヒント
相手を検索するには

チャットの一覧にたくさんの相手が表示されている場合は、上部の検索ボックスから相手を検索できます。

使いこなしのヒント
音声通話もできる

手順2操作1の画面で[音声通話]を選択すると、映像なしの音声で相手と会話できます。電話の代わりとして活用することもできるでしょう。

まとめ　直接話したいときに

チャットは、特定の相手と直接コミュニケーションしたいときに利用する機能です。文字、音声、映像、どの方法でも相手と会話できます。面談などで利用することもできますが、社内の詳しい人に相談したい場合などにも活用できます。

レッスン 34 アプリを追加するには

アプリの追加

さまざまなアプリを追加することで機能を拡張できるのもTeamsの特徴です。アプリには、個人的に利用できるものと、チャネルで共有できるものの2種類があります。このレッスンでは、それぞれの追加方法を確認しましょう。

キーワード	
Teams	P.236
チャネル	P.237

使いこなしのヒント
アバターもアプリの1つ

レッスン30で紹介した［アバター］も個人で利用するためのアプリです。外部のサービスを活用したり、Teamsの機能を拡張したりと、さまざまなアプリを利用できます。

1 個人用のアプリを追加する

個人的な生産性向上のためにアプリを利用したいときは、サイドバーにアプリを追加します。例として、さまざまな動画を視聴できるYouTubeアプリを追加してみましょう。

レッスン25を参考に、組織用アカウントでTeamsを起動しておく

1 ［アプリ］をクリック

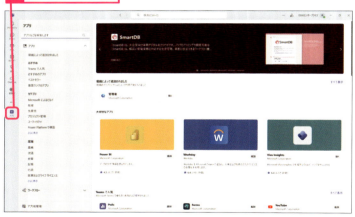

追加できるアプリが一覧表示される

2 画面を下にスクロール

● アプリを追加する

ここではYouTubeアプリを追加する

3 [YouTube] の [追加] をクリック

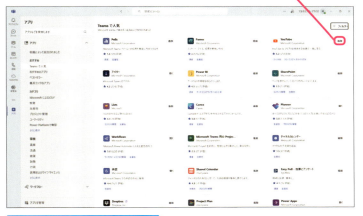

アプリの説明画面が表示された

4 [追加] をクリック

アプリがインストールされた

5 [開く] をクリック

使いこなしのヒント
さまざまなベンダーから提供される

アプリは、さまざまなベンダーによって提供されています。Microsoftはもちろんのこと、Adobeなど他社のサービスと連携するためのアプリも用意されています。業務に必要なアプリを組み込むことで、Teamsを普段の業務基盤として活用することができます。

ここに注意

提供されるアプリの中には、クラウド上の有料サービスの契約が必要なものもあります。アプリの内容をよく確認してから追加しましょう。

使いこなしのヒント
YouTubeアプリで何ができるの?

YouTubeアプリを利用すると、YouTube上の動画を検索したり、Teams上で動画を再生したりできます。また、表示された動画を資料としてチャネルに投稿したり、会議で共有したりすることもできます。

次のページに続く➡

2 アプリが追加できた

アプリがサイドバーに追加された　　　1 [YouTube] をクリック

Teams上で、YouTubeの動画を検索したり、再生したりできる

使いこなしのヒント
アプリを削除するには

インストールしたアプリは簡単に削除できます。左側のアイコンを右クリックした後、[アンインストール] を選択しましょう。すぐにアプリが削除され、一覧から消去されます。

3 チャネルで共有するアプリを追加する

チャネルにアプリを追加すると、チャネルのタブとしてアプリが登録されます。チャネルに参加しているメンバーは、誰でもアプリを利用できます。

レッスン25を参考に、アプリを追加したいチャネルを表示しておく

1 [+] をクリック

アプリの追加画面が表示された　　　ここでは、メンバーのタスクを管理できる [Planner] を追加する

2 [Planner] をクリック

使いこなしのヒント
Excelも追加できる

データを共有したいときは、[Excel] アプリを追加すると、表などのデータをチャネルで共有できます。各担当が自分のデータを入力するなど、共同作業にも便利です。

使いこなしのヒント
Plannerって何?

Plannerは、タスクを管理するためのツールです。期限や担当者を決めてタスクを管理することができます。いわゆる「かんばん」方式でタスクを管理できるので、直感的に進捗を把握できます。

●アプリをタブとして設定する

アプリをタブとして登録するための画面が表示される

ここでは、Plannerを［進行管理］という名前で登録する

3 ［タブ名］の［タスク］をクリック

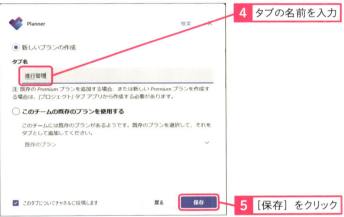

4 タブの名前を入力

5 ［保存］をクリック

4 チャネルにアプリが追加された

チャネルのメンバーに［進行管理］タブが表示された

タスクの登録や、担当や期日を設定できるようになる

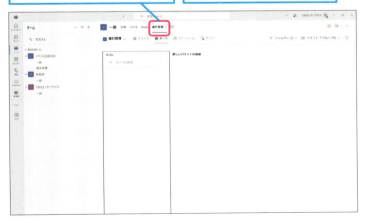

使いこなしのヒント
標準でOneNoteが登録されている

チャネルには、標準で［ファイル］と［Notes］という2つのタブが登録されています。［ファイル］はチャットに投稿されたファイルを一覧表示するためのもので、［Notes］はOneNoteアプリです。OneNoteを利用して、文字や画像など、さまざまな情報をメモし、メンバーと共有できます。

使いこなしのヒント
タブの順番を変えるには

タブをドラッグすると、表示順を変更できます。よく使うタブを左側に表示しておくといいでしょう。ただし、［投稿］や［ファイル］タブより左側には配置できません。

まとめ　Teams上で業務が完結する

Teamsには、さまざまなアプリを追加できます。Microsoft 365の機能はもちろんのこと、外部のクラウドサービスなどもあるため、ブラウザーなどの代わりとして利用できます。普段、業務で使うアプリを一通り登録しておけば、極端な話、Teamsだけで業務を完結させることも不可能ではないでしょう。

この章のまとめ

連絡や業務に欠かせないメインのビジネスツール

Teamsは、現代の新しい働き方に合ったビジネスツールです。単なるビデオ会議のツールではなく、チャットやファイル共有、スケジュールなど、組織内の人と情報をまとめるコミュニケーションツールとして活用できます。チームやチャネルなど独特の考え方さえ覚えてしまえば、同僚との連絡やプロジェクトの管理など、普段の業務に大変重宝するツールとなります。連絡や業務に欠かせないメインのビジネスツールとして活用しましょう。

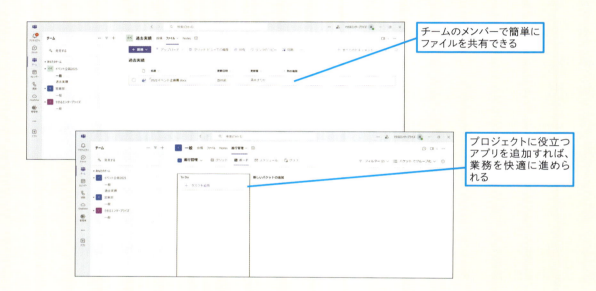

チームのメンバーで簡単にファイルを共有できる

プロジェクトに役立つアプリを追加すれば、業務を快適に進められる

Teamsってビデオ会議用ツールだと思っていました。

メールより連絡が手軽だし、ファイルなどいろいろな情報も共有できるので仕事がスムーズにできそうです。

業務アプリを追加したり、外部サービスと連携させたりもできるなど拡張性も高いのも魅力なんだ。慣れてしまうと、Teamsなしでは仕事にならないほど便利なツールだよ。

活用編

第5章

組織で情報を
共有するには

Microsoft 365を利用して個人や組織のファイルを管理しましょう。OneDriveやSharePointを利用することで、大切なファイルをバックアップしたり、チームでファイルを共有したりできます。

35	組織のファイル共有とは	126
36	ファイルの管理方法	128
37	OneDrive for Businessを利用するには	130
38	ファイルを共有するには	134
39	共同作業をするには	136
40	SharePointにアクセスするには	140
41	SharePointのファイルを同期するには	144
42	チームサイトを編集するには	148
43	削除したファイルを戻すには	150

レッスン 35

Introduction この章で学ぶこと

組織のファイル共有とは

組織の業務や個人の作業に欠かせないのが「ファイル」です。組織の大切なデータが保存されたファイルをどのように扱えばいいのか、情報共有や共同作業をどのように実現すればいいのかを見てみましょう。

活用編 第5章 組織で情報を共有するには

クラウドとファイルを同期するってどういうこと?

昨日、一時的にパソコンが起動しなくなることがあって焦りました。仕事で使う大切なファイルが開けなくなったら、業務に支障が出てしまうので。

それは大変でしたね。直ってよかったです。

せっかくMicrosoft 365があるんだから、そんなときに備えて、OneDriveを活用したらどうかな?

OneDriveですか? クラウドストレージってよく分からなくて……。

そんなに難しいものではないよ。パソコンのファイルをクラウド上の自分のストレージと同期する機能だよ。Microsoft 365ではビジネス用のOneDrive for Businessが利用できるんだ。

パソコンとクラウドに、いつでも同じデータがあるってことですか? だから、パソコンが起動しなくなっても、ファイルを開けるんですね。

その通り。容量もTB(テラバイト)単位で提供されるから、バックアップとして使えるし、自宅のパソコンやスマートフォンなど、異なる場所やデバイスでも自分のファイルを開けるメリットもあるんだ。

ファイル共有にも活用できる

ファイルがクラウドにあるなら、ほかの人とも共有できそうですね。

いいところに気付いたね。ファイルへのリンクを生成すれば、社内だけでなく、外部の人にもファイルを送れるんだ。

それは便利そうですね。メールで送れない大きなファイルに使ってみたいと思います。

組織での共有にはSharePointを活用

早速、プロジェクトチームの会議で使うプレゼン資料をメールで送ってみたいと思います。

ちょっと待って。部署やチームなど、組織内で共有するファイルはSharePointを使った方が効率的だよ。

グループやチームでファイルを共有できる

SharePointに保存すれば、メンバー全員がアクセスできるんですね。これは便利ですね。

レッスン 36 ファイルの管理方法

ファイル管理

Microsoft 365では、ファイルを管理する方法が複数用意されています。主に個人のファイルを管理するのがOneDrive for Business、複数人のグループやチームのファイルを管理するのがSharePointです。

キーワード

OneDrive	P.235
SharePoint	P.236
クラウド	P.236

OneDrive for Businessは個人データ向け

OneDrive for Businessは、主に個人のデータを保管するためのクラウドストレージです。Officeアプリで作成した文書などを保存したり、パソコン上の［ドキュメント］フォルダーと同期したりできます。ユーザーごとに個別の領域が用意されているため、ほかのユーザーにファイルを参照される心配はありません。OneDriveはMicrosoftアカウントで利用できる個人用プランもありますが、組織向けのOneDrive for Businessは利用状況や共有されているファイルの数などを組織全体で管理したり、退職者のOneDriveを削除したりできるのが特徴です。

使いこなしのヒント
どれくらいの容量が使えるの？

OneDrive for Businessの容量は、利用するプランによって変わります。Microsoft 365 Business Premiumの場合は1ユーザーあたり1TBが利用できます。Microsoft 365 E3／E5の場合は、利用者が5名以上の場合に1ユーザーあたり5TB割り当てられ、容量の追加もリクエスト可能です。

ユーザーごとの領域に個人のデータを保管

スキルアップ
OneDrive for Businessもベースは SharePoint

OneDrive for Businessは、SharePointをベースにしたサービスとなっています。このため、Microsoft 365管理センターにOneDrive for Businessを管理するための専用の画面はなく、SharePoint管理センターからOneDrive for Businessも管理します。

SharePointはチームのデータ向け

SharePointは、グループやチームなど、複数のユーザーでファイルを共有するための機能となります。例えば、就業規則など全社員で共有すべきデータを保管したり、業務マニュアルなど部署内で共通の文書を保管したり、プロジェクト単位の資料などを保管したりするのに利用します。従来のファイルサーバーの代替えとして使えるクラウドサービスと考えると分かりやすいでしょう。

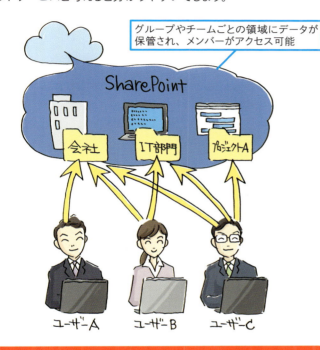

グループやチームごとの領域にデータが保管され、メンバーがアクセス可能

いろいろな方法でアクセスできる

OneDriveやSharePointには、さまざまな方法でアクセスできます。ブラウザーを使ってファイルを参照できるのはもちろんのこと、OneDriveアプリによる同期でエクスプローラーからも操作できます。また、Teamsのチャネルに投稿されたファイルもSharePoint上で管理されます。

●ブラウザー

デバイスを問わず手軽にアクセス可能

●エクスプローラー

パソコン上のデータと同じように扱える

●Teams

共有や共同作業が簡単にできる

使いこなしのヒント
知らず知らずのうちに使っている

SharePointは、Microsoft 365のストレージ基盤としてさまざまなサービスで活用されています。OneDrive for Businessはもちろんのこと、Teamsのファイル保管場所としても利用されています。また、TeamsのチームやMicrosoft 365グループを作成すると、自動的に同じ名前のSharePointサイトが作成され、知らず知らずのうちにSharePointを利用しています。

使いこなしのヒント
ファイルサーバーからの移行はできる?

現在、組織内に設置したファイルサーバーやNASでファイルを共有している場合は、そのデータをSharePointに移行できます。詳しくはマイクロソフトが公開している以下のWebページを参照してください。

▼ファイル共有をOneDrive、Teams、およびSharePointに移行するためのガイド
https://learn.microsoft.com/ja-jp/sharepointmigration/fileshare-to-odsp-migration-guide

まとめ 組織のデータをクラウドに移行しよう

OneDrive for BusinessやSharePointを利用すると、これまでパソコンやファイルサーバーなどで管理していた組織内のデータをクラウド上に移行できます。クラウドでファイルを管理すれば情報を一元管理でき、障害にも強い環境を構築できます。それぞれのサービスの用途を確認し、どのデータをどのサービスで管理すべきかを検討しておきましょう。

レッスン 37 OneDrive for Businessを利用するには

OneDrive for Business

OneDrive for Businessを使ってみましょう。Microsoft 365に登録されているユーザーであれば、標準で誰でも利用可能です。ブラウザーとOneDriveアプリ、2つの方法での使い方を解説します。

キーワード

OneDrive	P.235
Teams	P.236
ポータル	P.237

1 ブラウザーでアクセスする

自分のアカウントに割り当てられているクラウド上のOneDrive for Businessの領域にアクセスしてみましょう。ブラウザーを使って簡単にアクセスできます。

時短ワザ
直接アクセスするには

ここではMicrosoft 365のホーム画面からOneDrive for Businessにアクセスしましたが、ブラウザーに以下のURLを入力し、組織のアカウントでサインインすれば、直接OneDrive for Businessにアクセスできます。

▼OneDrive for Business
https://www.office.com/onedrive

Microsoft Edgeを起動しておく

1. Microsoft 365のポータルにアクセス

▼ポータル
https://www.microsoft365.com

2. [OneDrive]をクリック

OneDriveのページが表示された

クラウド上のファイルが表示される

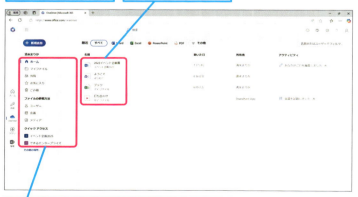

フォルダーやお気に入りごとにファイルを表示できる

使いこなしのヒント
個人用のOneDriveも併用できる

パソコンの初期設定で組織用としてセットアップした場合を除き、最新のWindows 11では、標準で個人用のOneDriveが有効に設定されています。無料プランでは5GBの容量しか使えませんが、個人用のOneDriveを組織用のOneDrive for Businessと併用することも可能です。

ここに注意

ここではファイルが登録されている状態の画面を掲載していますが、Microsoft 365のアカウントが登録された直後など、初期の状態ではOneDriveには何もファイルは登録されていません。

2 OneDrive for Businessとアプリを同期する

OneDrive for Businessのデータを同期してみましょう。OneDriveアプリでは、クラウド上のデータをパソコン上のフォルダーと同期できます。同期には個人用のOneDriveと同じアプリを利用できます。

スキルアップ
Teamsからアクセスするには

OneDriveのデータにはTeamsからもアクセスできます。Teamsの画面左に表示されている［OneDrive］をクリックすることで、自分のOneDriveのデータを参照できます。

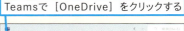

個人用に設定されているOneDriveアプリを職場用アカウントで利用できるようにする

1 タスクバーの［OneDrive］アイコンをクリック

2 ［ヘルプと設定］をクリック

［ヘルプと設定］のメニューが表示された

3 ［設定］をクリック

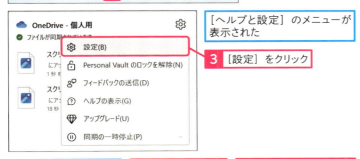

OneDriveの設定画面が表示された

4 ［アカウント］をクリック

5 ［アカウントを追加］をクリック

使いこなしのヒント
アイコンで区別できる

個人用と組織用のOneDriveを併用する場合は、以下のようにアプリアイコンの色で区別できます。青が組織用で、白が個人用となります。

◆組織用のOneDriveアプリ

◆個人用のOneDriveアプリ

次のページに続く→

●組織用アカウントでサインインする

6 組織用アカウントのメールアドレスを入力

7 [サインイン] をクリック

レッスン09を参考にパスワードを入力し、多要素認証が要求されたときはSMSやアプリを使って認証する

個人用パソコンを使うため、アプリのみにサインインするように設定する

8 [組織がデバイスを管理できるようにする] のチェックマークを外す

9 [いいえ、このアプリのみにサインインします] をクリック

10 OneDriveフォルダーの説明画面で [次へ] をクリック

個人用OneDriveでバックアップが有効になっているため、エラーが表示された

組織用OneDriveにバックアップするには、次ページのスキルアップを参考に、バックアップ先を切り替える

11 [次へ] をクリック

OneDriveの使い方などを確認する

12 [OneDriveフォルダーを開く] をクリック

使いこなしのヒント

バックアップ先はどう使い分ければいいの?

OneDriveのバックアップは、個人用、組織用のいずれか一方でしか設定できません。組織から支給されたパソコンの場合は、組織用のOneDriveにバックアップすることをおすすめします。個人所有のパソコンの場合は、組織用OneDriveでバックアップを有効にすると [ドキュメント] などの個人的なデータもバックアップされてしまいます。バックアップ先は個人用OneDriveのまま変更せず、組織のデータにアクセスしたいときはエクスプローラーの [OneDrive - ○○ (組織名)] からアクセスするといいでしょう。個人用のOneDriveの容量が少ない場合は、組織用のOneDriveにもバックアップできます。

ここに注意

本書では、すでに個人用としてセットアップされたWindows 11を後から組織用として利用することを想定しています。個人用としてセットアップされたWindows 11の場合、標準で個人用OneDriveのバックアップが有効になっています。このため個人用のOneDriveでバックアップを無効にしないと、組織用のOneDriveでバックアップを有効にできません (次ページのスキルアップ参照)。なお、個人用のOneDriveのバックアップ機能をあらかじめ無効にしている場合は、手順2操作11のエラー画面は表示されません。

スキルアップ
バックアップ先を切り替えるには

バックアップ先を切り替えるには、個人用OneDriveアプリでバックアップを無効にし、続いて組織用OneDriveアプリでバックアップを有効化します。OneDriveアプリの設定画面にある［バックアップを管理］で、個人用、組織用、それぞれの設定を変更しましょう。ただし、切り替えても、個人用で同期されたファイルは以前のフォルダーに残ったままになっています。もしも、個人用OneDriveのフォルダーに仕事に必要なファイルが残っている場合は、手動で組織用OneDriveのフォルダーにコピーまたは移動する必要があります。個人的なファイルを移動すると、組織用OneDriveにバックアップされてしまうので注意が必要です。

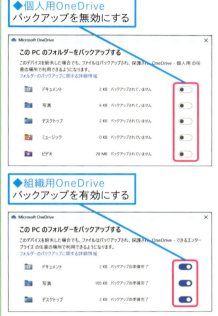

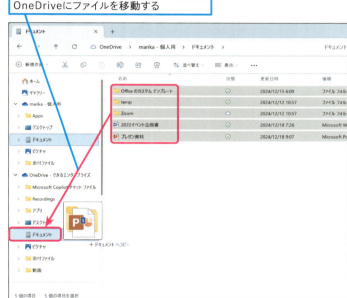

3 OneDriveの同期が有効になった

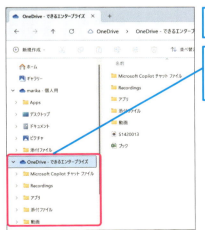

エクスプローラーが自動的に起動する

組織用アカウントでOneDrive for Businessの同期が設定され、同期フォルダーが表示された

まとめ　同期で使いやすくなる

OneDriveアプリを利用すると、クラウドとパソコンで自動的にファイルが同期されます。これにより、［ドキュメント］フォルダーなどにファイルを保存する、という今まで通りのパソコンの使い方で、OneDrive for Businessを活用できます。バックアップとしても活用できるうえ、クラウド上のデータを別のパソコンなどからも簡単に参照できます。

レッスン 38 ファイルを共有するには

リンクの共有

OneDrive for Businessを利用すると、クラウド経由でほかの人と簡単にファイルを共有できます。組織内のユーザーはもちろんのこと、外部のユーザーとの共有も可能です。

キーワード
OneDrive　　　P.235

時短ワザ
右クリックでも共有できる

ここではツールバーの共有ボタンを利用しましたが、ファイルを右クリックして［共有］をクリックすることで共有が可能です。

1 OneDrive上のファイルを共有する

エクスプローラーを表示しておく

1 組織用OneDriveと同期したフォルダーをクリック

2 ファイルをクリック

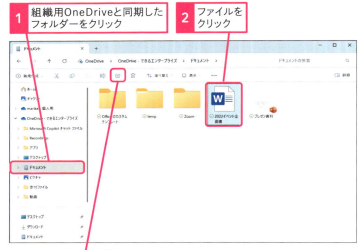

3 ［共有］をクリック

ファイルの共有画面が表示された

ここではリンクを生成して共有する

4 ［リンクのコピー］をクリック

使いこなしのヒント
直接共有する場合は

ここではリンクをコピーして、別のアプリに貼り付ける方法を紹介しています。もしも、直接共有したい場合は、手順1操作4の画面でメールアドレスやメッセージを入力し、［送信］をクリックしましょう。共有画面から、直接、共有のためのメールを送信できます。

●リンクが生成された

共有用のリンクが生成され、クリップボードにコピーされた

リンクをほかのアプリに貼り付けて利用できるようになった

5 [閉じる]をクリック

エクスプローラーを表示する

共有されたファイルに共有アイコンが表示された

2 リンクを貼り付けて共有する

ここでは、メールにリンクを貼り付けて共有する

レッスン15を参考に、メールの作成画面を表示しておく

1 リンクを貼り付けたい箇所にマウスポインターを合わせる

2 Ctrl + V キーを押す

リンクが貼り付けられた

チャットなどにもリンクを貼り付けて、ファイルを共有できる

スキルアップ

共有を停止するには

共有を停止したい場合は、ブラウザーでOneDrive for Businessにアクセスして操作する必要があります。左側のメニューから[共有]をクリックし、上部のタブで[自分が]を選択すると、自分が共有しているファイルの一覧が表示されます。共有を停止したいファイルを選択して以下のように操作すると、共有状況を確認できます。[アクセス許可を管理]ダイアログボックスで共有を停止したり、リンクを削除したりしましょう。

ブラウザーでOneDrive for Businessにアクセス後、[共有]-[自分が]タブの順にクリックする

1 […]をクリック

2 [アクセス許可の管理]をクリック

リンクの削除は[リンク]タブのごみ箱アイコンをクリックする

共有を停止するときは[共有停止]をクリックする

まとめ 重要なファイルの共有に注意

OneDriveはリンクでファイルを簡単に共有できます。ただし手軽な半面、セキュリティには十分に配慮する必要があります。重要なファイルのリンクをうっかりSNSなどに貼り付けたり、別の人に送信してしまったりしないように気を付けましょう。

レッスン 39 共同作業をするには

共同編集

OneDriveを使ってほかの人と共同作業をしてみましょう。Officeファイルを共有することで、オンラインで同時に同じファイルを編集できます。離れた場所にいる人とも簡単に共同作業が可能です。

キーワード	
OneDrive	P.235
Web版のOffice	P.236
共同作業	P.236

1 ファイルを共有する

ここでは、Officeアプリから共同作業を開始します。共同作業するには、Officeアプリのファイルが OneDrive（またはSharePoint）に保存されている必要があります。

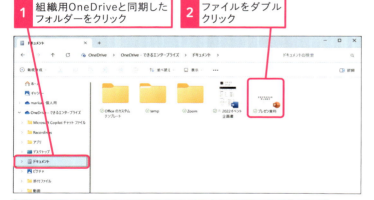

使いこなしのヒント
リンクで共有してもいい

ここでは組織内の特定のメンバーを招待する方法を紹介しています。もしも、任意の人が参加できるように設定したいときはリンクでOfficeファイルを共有します。Officeアプリのファイルであれば、前のレッスンの方法で作成したリンク共有でも共同作業が可能です。

使いこなしのヒント
［ドキュメント］フォルダーからも共有可能

OneDrive for Businessのバックアップの設定が有効になっている場合は、わざわざ［OneDrive - ○○（組織名）］から［ドキュメント］を開かなくても、エクスプローラーの［ホーム］や、左側のナビゲーションパネルにピン留めされている［ドキュメント］フォルダーからも同様の共有操作が可能です。

● Officeアプリから共有する

[共有] のメニューが表示された　　4 [共有] をクリック

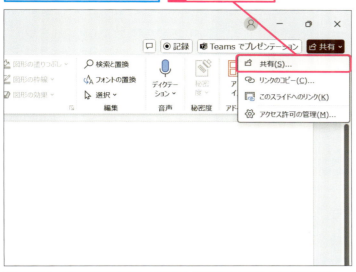

[○○（ファイル名）を共有] 画面が表示された　　ここではメールで共有相手を招待する

5 宛先の入力欄をクリック

6 組織のメンバーの名前を入力　　7 候補から共有相手を選択

時短ワザ
リンクを簡単にコピーできる

手順1操作4の画面で、メニューに表示されている［リンクのコピー］をクリックすると、すぐにリンクをコピーできます。リンクで共有したい場合は、この方法が便利です。

スキルアップ
外部の人を共同編集に招待するには

外部のユーザーを招待したいときは、手順1操作5の画面に相手のメールアドレスを直接入力します。組織外のユーザーの場合、通常は名前の候補が表示されないので、メールアドレスのまま送信しましょう。なお、相手がファイルを開くときは、共有時に指定されたのと同じメールアドレスでサインインする必要があります。

ここに注意

組織外のユーザーを招待するときは、共有するデータに注意しましょう。うっかり機密情報などを共有しないよう、共有する前に、文書の内容や相手をしっかりと確認しましょう。

●共有の招待を送信する

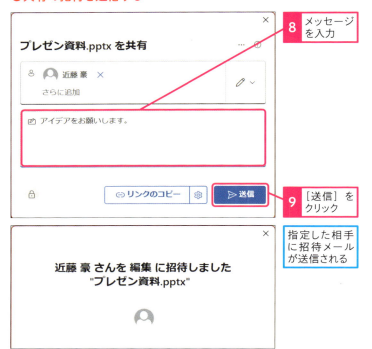

⑧ メッセージを入力

⑨ [送信] をクリック

指定した相手に招待メールが送信される

2 共同編集に参加する

ほかのユーザーから招待を受けたときは、メールに記載されたリンクからファイルの共同編集に参加できます。共有されたファイルは標準ではWeb版のOfficeアプリで開かれます。

ここでは、ファイル共有のメールから共同編集を開始する

① 招待メールをクリック

② [開く] をクリック

使いこなしのヒント
ユーザーを追加するには

複数のユーザーを招待したいときは、手順1操作8の画面で[さらに追加]をクリックし、ほかのユーザー名やメールアドレスを入力します。一旦、共有設定を完了した後も、同じ操作によって共有するユーザーを追加することもできます。

使いこなしのヒント
メール以外で共有するには

メール以外の方法で共有したいときはリンクを利用します。例えば、Teamsで共有したい場合は、リンクを作成し、チャットやチャネルに貼り付けることで共有できます。

⚠ ここに注意

共有された文書は、[ファイル]メニューから[名前を付けて保存]の[コピーを保存]を選択すると、パソコンに保存できます。ただしファイルのコピーを保存するので、共同作業はできません。また、相手が編集した内容もコピーには反映されません。

活用編 第5章 組織で情報を共有するには

●Web版のOfficeアプリでファイルを開く

Web版PowerPointが起動し、ファイルが表示された

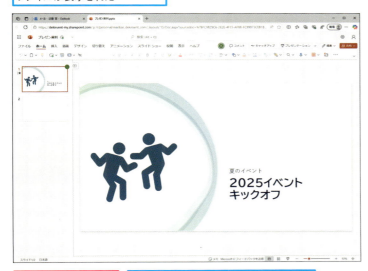

3 ファイルの編集を開始

共同作業では、相手も同時にファイルを開いている必要がある

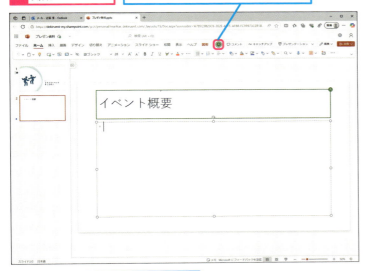

ほかのメンバーが編集している部分は、色分けされて表示される

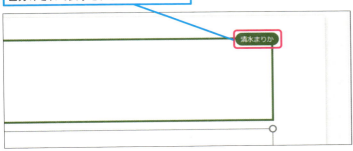

使いこなしのヒント
参加している相手を確認できる

共同作業中は、Officeアプリのリボンに、同じファイルを開いているユーザーのアイコンが表示されます。アイコンにマウスポインターを合わせると、相手の名前や編集している場所が表示されます。

1 ユーザーアイコンをクリック

共同編集しているメンバーや編集箇所が確認できる

使いこなしのヒント
アプリ版で開きたいときは

共有されたファイルは、パソコンにインストールされたアプリ版のOfficeアプリでも開いて共同作業できます。右上の［編集］ボタンから［デスクトップで開く］を選択しましょう。

まとめ　リアルタイムに作業できる

OneDrive for Business上のOfficeファイルを共有すると、同時にアクセスした複数のユーザーで共同作業ができます。アイデアを出し合って1つの文書をまとめたり、Excelで各人が自分の担当箇所を同時に編集したりと、共同作業ならではの効率的な作業が可能です。誰がどこを編集しているのかも分かるので、ほかの人をフォローしながらの作業もできるでしょう。

レッスン 40 SharePointにアクセスするには

SharePointでのファイル共有

組織全体や特定の部署内、プロジェクトチーム内で利用するファイルを共有したいときは、SharePointにファイルをアップロードしましょう。SharePointのファイルはブラウザーやTeamsから参照できます。

活用編 第5章 組織で情報を共有するには

1 ブラウザーでSharePointにアクセスする

SharePointを利用するには、組織やグループごとに用意されたサイトにブラウザーを使ってアクセスします。最初はMicrosoft 365のポータルから移動すると簡単です。

キーワード	
SharePoint	P.236
Teams	P.236
サイト	P.236

使いこなしのヒント
グループを作るとサイトが作成される

SharePointでは、「サイト」という単位で情報を管理します。サイトは、SharePointからも作成できますが、ほかの機能と一緒に作成する方が効率的です。例えば、Microsoft 365グループを作成したり、Teamsのチームを作成したりすると、自動的にSharePointのサイトが作成されます。実際にSharePointを業務で利用するには、グループやチームごとのサイトが必要です。初期状態では組織全体のサイトしか用意されていないので、第7章を参考に、部署単位などでMicrosoft 365グループを作成しておきましょう。

レッスン37を参考に、Microsoft 365のポータルを表示しておく

1 [アプリ] をクリック

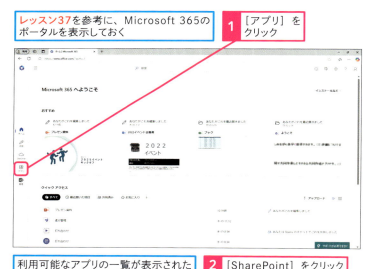

利用可能なアプリの一覧が表示された

2 [SharePoint] をクリック

時短ワザ
ピン留めしておこう

手順1操作2の画面で [SharePoint] にマウスポインターを合わせて以下のように操作します。左側の一覧にSharePointのアイコンが表示され、すぐにアクセスできるようになります。

アプリの [...] - [ピン留めする] の順にクリックする

● サイトにアクセスする

Microsoft 365グループやTeamsのチャネルごとにサイトが登録されている

3 サイトをクリック

> 使いこなしのヒント
> **サイトが見つからないときは**
>
> 目的のサイトが一覧から見つからないときは、画面上部の検索ボックスで探してみましょう。キーワードを入力すると、候補が表示されます。

検索ボックスにサイト名の一部を入力する

サイトが表示された　**4** ［ドキュメント］をクリック

> 時短ワザ
> **よく使うサイトは［お気に入り］に登録しよう**
>
> よく使うサイトがあるときは、サイトの一覧画面で、各サイトの右上に表示されている［フォロー］（☆）をクリックします。左側の［フォロー中］（★）に変わり、次回からアクセスしやすくなります。また、手順1操作4の画面のような目的のサイトを表示した状態で、ブラウザーの［お気に入り］に登録することもできます。

サイトにアップロードされているファイルが表示された

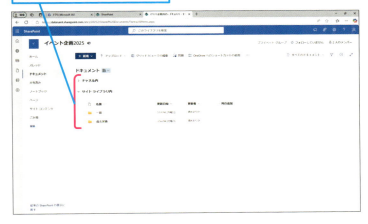

> 使いこなしのヒント
> **ページのデザインや要素をカスタマイズできる**
>
> SharePointでは、サイトごとにページのデザインや表示する要素をカスタマイズできます。社内イントラネットやプロジェクト用のサイトとして利用したい場合は、**レッスン42**を参考にデザインを変更してみましょう。

40 SharePointでのファイル共有

次のページに続く ➡

できる 141

2 ファイルをアップロードする

SharePointにファイルをアップロードしてみましょう。ファイルをアップロードしたいときは、［ドキュメント］ページを利用します。ここにアップロードすると、ほかのメンバーも参照できます。

> **使いこなしのヒント**
> **フォルダーごとアップロードできる**
>
> 手順2操作2で［フォルダー］を選択すると、複数のファイルが格納されたフォルダーをまるごとアップロードできます。

ここでは、前ページで表示した［イベント企画2025］サイトの［過去実績］フォルダーにファイルをアップロードする

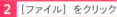

1 ［アップロード］をクリック　**2** ［ファイル］をクリック

［開く］ダイアログボックスが表示された　　パソコン上からアップロードしたいファイルを選択する

3 ファイルを選択　　**4** ［開く］をクリック

> **使いこなしのヒント**
> **テンプレートって何？**
>
> SharePointの［ドキュメント］には、その場で新しいファイルを作成して登録することもできます。このとき、ひな形として使う文書がテンプレートです。例えば、「休日出勤届」などの申請書のテンプレートを登録すると、メンバーはテンプレートから選ぶだけで、申請用のフォーマットを使った文書をSharePoint上に新規作成できます。

サイトにファイルがアップロードできた

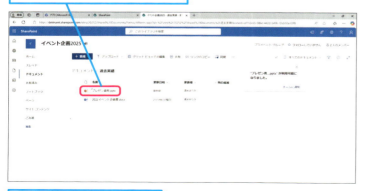

アップロードされたファイルは、サイトのメンバーが利用できる

> **時短ワザ**
> **ドラッグでも登録できる**
>
> ファイルはドラッグでも登録できます。SharePointの［ドキュメント］を開いた状態で、エクスプローラーからアップロードしたいファイルを［ドキュメント］にドラッグしましょう。

3 Teamsからファイルを参照する

SharePointの［ドキュメント］は、Teamsの［ファイル］と連携可能なサービスです。このため、アップロードしたファイルは、SharePointからも、Teamsからも利用できます。

レッスン25を参考に、Teamsアプリを起動しておく

ファイルをアップロードしたサイト、またはサイトのフォルダーと同じ名前のチャネルを開く

1 チャネルをクリック　　2 ［ファイル］タブをクリック

SharePointにアップロードしたファイルが表示された

SharePointにあるフォルダーやファイルと比較する

● SharePoint上のフォルダーとファイル

Teamsのチャネル名とSharePointのフォルダー名が同じであることを確認する

Teamsの［ファイル］タブとSharePointのファイルが同じであることを確認する

使いこなしのヒント
どう使い分ければいいの？

ファイルの共有という点ではSharePointとTeamsのどちらを使っても構いません。ただし、SharePointはWebページ、Teamsはチャットがベースになっているため、これらと相性のいい業務と組み合わせて利用することをおすすめします。例えば、就業規則や各種申請書など、組織全体の情報を掲示するイントラネットにはSharePointを利用し、現在進行中のプロジェクトの文書などを共有したい部署やチームなどではTeamsを利用するといいでしょう。情報を一方向に広く伝えたい場合はSharePoint、双方向でのコミュニケーションが必要な場合はTeamsをベースにファイルを共有することをおすすめします。

まとめ　組織のファイルを移行しよう

SharePoint（やTeams）の利用を組織内に定着させるには、普段の業務に使う情報やデータの保管場所としての重要性を高める工夫が必要です。個々のパソコンに保存されているファイル、ファイルサーバーやNASにあるファイル、紙の申請書やマニュアルなど、組織の情報をなるべくSharePointに移行するように心がけましょう。

レッスン 41 SharePointのファイルを同期するには

SharePointの同期

SharePoint上のファイルをもっと手軽に扱えるようにしてみましょう。OneDriveアプリを使って同期すれば、パソコン上のフォルダーと同じ感覚でSharePoint上のファイルを扱えるようになります。

キーワード	
OneDrive	P.235
SharePoint	P.236
Teams	P.236

1 SharePointとの同期設定をする

自分が所属する部署やプロジェクトチームなど、頻繁にアクセスするSharePointの[ドキュメント]がある場合は、同期を設定して、パソコン上で簡単にアクセスできるようにしておくと便利です。

使いこなしのヒント
職場用アカウントのOneDriveで設定

SharePointとの同期には職場用のOneDriveを利用します。ただし、SharePointから操作する際、自動的に職場用のOneDriveが起動するので、同期設定時にアプリの使い分けを意識する必要はありません。

レッスン40を参考に、SharePointでサイトの[ドキュメント]画面を表示しておく

1 [同期]をクリック

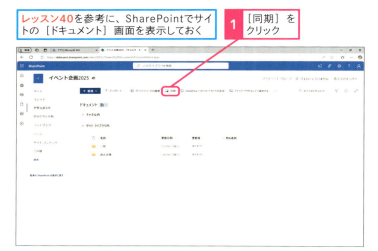

OneDriveアプリを開くかどうかの説明画面が表示された

OneDriveアプリで同期するため、設定を許可する

2 [開く]をクリック

時短ワザ
OneDriveアプリの起動を常に許可してもいい

手順1操作2の画面は、組織のサイト（Microsoft 365に設定したドメインのサイト）が、パソコン上のアプリを起動することを許可するかどうかの設定です。ここで紹介している手順の場合、信頼できない外部のサイトではなく、自分が所属する信頼できるサイトなので、[○○（組織ドメイン名）が、関連付けられたアプリでこの種類のリンクを開くことを常に許可する]にチェックを付け、次回から確認なしにアプリを起動できるように設定しても構いません。

● 同期の設定が完了した

| OneDriveアプリが自動的に起動し、すぐに終了する | 3 [閉じる]をクリック |

2 エクスプローラーからアクセスする

エクスプローラーを起動する

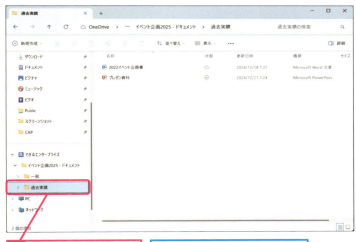

1 同期されたフォルダーをクリック

SharePointにあるフォルダーやファイルと比較する

● SharePoint上のフォルダーとファイル

| エクスプローラーとSharePointのフォルダー名が同じであることを確認する | エクスプローラーとSharePointのファイルが同じであることを確認する |

使いこなしのヒント
アプリが自動的に起動する

手順1操作2で［開く］をクリックすると、自動的にOneDriveアプリが起動し、設定が実行され、そして自動的にアプリが閉じます。一瞬で、アプリが起動したり、終了したりしますが、異常ではありません。自動的に処理される間、操作せずに待っていましょう。

使いこなしのヒント
同期状況はアイコンで確認できる

SharePointのフォルダーの同期状況は、エクスプローラーの［状態］欄（詳細表示の場合）やファイル名の前（大アイコン表示の場合）に表示されるアイコンで確認できます。OneDriveと同じく、緑のチェックマークが同期済みの状態、雲のアイコンがクラウド上にのみファイルがある状態、上下の矢印が同期中を表します。

ここに注意
SharePointにも容量の上限が設定されています。SharePointで利用できる総容量と現在の使用量は、SharePoint管理センターの［アクティブなサイト］で確認できます。また、サイトを選択して［アクティビティ］を選択すると、サイトごとの使用量を確認できます。

3 同期の設定を確認する

現在、SharePointのどのフォルダーを同期しているのかについては、OneDriveアプリから確認できます。［アカウント］画面で、同期対象のフォルダーを確認しましょう。

使いこなしのヒント
フォルダー単位でも同期できる

このレッスンではSharePointの［ドキュメント］全体を同期設定しましたが、［ドキュメント］内の特定のフォルダーだけでも同期できます。たくさんのフォルダーやファイルを同期すると、同期処理に時間がかかることがあるので、自分が頻繁にアクセスするフォルダーだけを同期するといいでしょう。

OneDriveアプリからSharePointとの同期を確認する

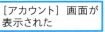

スキルアップ
Teamsからも同期できる

Teamsの［ファイル］からも同様に同期の設定が可能です。ただし、Teamsで同期できるフォルダーはチャネル単位のみとなります。チームに含まれるすべてのチャネルのフォルダーを同期したいときは、SharePointから同期設定する必要があります。

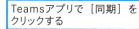

4 同期を停止する

同期を停止したい場合は、OneDriveアプリから同期対象のフォルダーを削除します。終了したプロジェクトのフォルダーなどは、同期対象から削除しておきましょう。

> ⚠ **ここに注意**
>
> 同期を停止しても、エクスプローラー上から該当のフォルダーは削除されません。手順のように同期済みのファイルやフォルダーに関しては、そのまま残ります。

手順3で表示した［アカウント］画面から同期を停止する

1 ［同期の停止］をクリック

2 ［同期の停止］をクリック

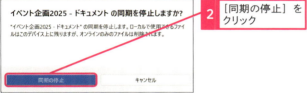

同期を停止したフォルダーが表示されなくなった

エクスプローラーのフォルダーとファイルを同期停止前後で比較する

●同期停止前の状態

クラウド上のみに保存されていたファイルはなくなる

同期済みのファイルは残る

●同期停止後の状態

同期済みのファイルは残る

フォルダーは残る

> 💡 **使いこなしのヒント**
>
> **同期するフォルダーを選択できる**
>
> 手順4操作1の画面で、［フォルダーの選択］をクリックすると、対象に含まれるサブフォルダーのうち、どれを同期するのかを選択できます。自分に関係のないフォルダーや、更新が頻繁で同期処理に負荷がかかるフォルダーを同期しない設定にすることも可能です。

> 👆 **まとめ**
>
> **パソコン上のファイルと同じ感覚で扱える**
>
> SharePoint上のファイルを業務で扱う際は、OneDriveによる同期を設定しておくと便利です。ブラウザーやTeamsを起動することなく、エクスプローラー上でファイルを扱えるため、パソコン上のファイルと同じ感覚でクラウド上の共有ファイルを扱えます。ただし、すべて同期するのは負荷がかかるため、自分に関係のあるフォルダーやよく使うフォルダーだけを同期するといいでしょう。

レッスン 42 チームサイトを編集するには

チームサイト

SharePointのサイトを編集してみましょう。ここでは組織全体のサイトに新しいページを追加する方法を紹介します。組織が発信するニュースや経営者のメッセージなどを掲載したいときに活用しましょう。

キーワード	
SharePoint	P.236
サイト	P.236
テンプレート	P.237

1 新しいページを公開する

レッスン40を参考に、ページを追加したいSharePointサイトを表示しておく

1 ［新規］をクリック
2 ［ページ］をクリック

ここでは、用途に合ったテンプレートを選択してページを作成する

3 任意のテンプレートをクリック

4 ［ページの作成］をクリック

使いこなしのヒント
ガイドを活用しよう

新しいページを追加する際、以下のような［ようこそ］画面が表示されることがあります。［慣れていません］をクリックすると、SharePointのページの扱い方を学習できるガイドが表示されます。ガイドが不要な場合は［以前これをやりました］をクリックしましょう。

［慣れていません］をクリックするとガイドが表示される

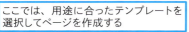

使いこなしのヒント
ツールボックスからパーツを追加できる

手順1操作5の画面右に表示されている［ツールボックス］のパーツを利用すると、ページに要素を追加できます。テキストや画像、リンクなどを追加できます。追加したパーツは、ドラッグで順番を変えたり、ごみ箱のアイコンをクリックして削除したりできます。

●ページを編集して公開する

5 ページのタイトルを入力

用途に合わせてページの内容を編集する

6 [発行] をクリック

7 用途に合わせてページの告知方法を選択

8 [×] をクリック

2 ページが公開できた

新しいページが公開され、ホームに告知が表示された

👍 スキルアップ
ホームのデザインを変更するには

手順1操作1の画面で、右上の [編集] をクリックすると現在表示しているページのデザインを変更したり、表示する構成要素を変更したりできます。組織全体で利用するイントラネットなど、用途や組織のデザインルールに合わせてカスタマイズしましょう。

サイトの編集用パーツが表示される

💡 使いこなしのヒント
ほかのユーザーがページを見つけるって何?

手順1操作7で設定しているのは、作成したページを告知する方法です。新しく作成したページをニュースに表示するなどして、組織のメンバーにページが公開されたことを知らせることができます。

まとめ 情報発信に活用しよう

SharePointのサイトは、組織やグループから、メンバーに向けて情報を発信する手段です。Wordで文書を作成するような感覚で、誰でも簡単に社内向けのWebページを作成して公開できます。一般的には、組織全体のイントラネットなどで、社員全体へのお知らせ、業務連絡、経営者からのメッセージなどを発信したいときに活用するといいでしょう。

レッスン 43 削除したファイルを戻すには

ファイル復元

OneDriveやSharePointから削除したファイルを復元する方法を確認しておきましょう。うっかり重要なファイルを削除してしまったとしても、複数の手段でファイルを元に戻せます。

キーワード

OneDrive	P.235
SharePoint	P.236
バージョン履歴	P.237

活用編 第5章 組織で情報を共有するには

1 ごみ箱からファイルを復元する

OneDriveにも、パソコンと同じように［ごみ箱］が用意されています。削除したファイルは、一旦、ごみ箱に入るので、ここからファイルを復元できます。

ここでは、誤って削除したファイルをごみ箱から復元する

レッスン37を参考に、ブラウザーでOneDrive for Businessのページを表示しておく

1 ［ごみ箱］をクリック

［ごみ箱］画面が表示され、削除したファイルが表示された

2 復元したいファイルを右クリック

3 ［復元］をクリック

ファイルが元の場所に復元される

使いこなしのヒント
OneDriveアプリで同期している場合は

OneDriveアプリを使って同期している場合は、パソコン上のごみ箱も利用できます。パソコン上で同期済みのファイルを削除した場合、パソコンのごみ箱にファイルが移動するので、そこからファイルを戻しましょう。

使いこなしのヒント
第2段階のごみ箱もある

組織向けのOneDrive for Businessでは、ごみ箱が2段階用意されています。ここで紹介した第1段階のごみ箱にファイルがない場合は、画面下に表示されている［第2段階のごみ箱］をクリックすることで、ファイルを復元できる場合があります。

⚠ ここに注意

組織向けのMicrosoft 365では、ごみ箱のファイルは標準で93日後に自動的に削除されます。削除してから時間が経ったファイルは戻せない場合があるので注意しましょう。

2 ファイルを以前の状態に戻す

間違ってファイルの内容を編集してしまったときは、バージョン履歴を使うと、ファイルを以前の状態に戻すことができます。

ここでは、間違って編集してしまったファイルを編集前のファイルに戻す

レッスン37を参考に、ブラウザーでOneDrive for Businessのページを表示しておく

1 戻したいファイルを右クリック　**2** [バージョン履歴] をクリック

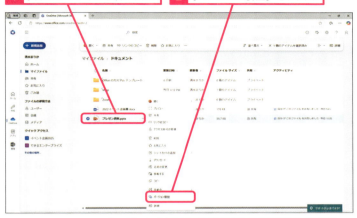

[バージョン履歴] ダイアログボックスが表示された

ファイル更新のタイミングで自動的に取得された更新履歴が表示される

3 戻したいバージョンを右クリック　**4** [復元] をクリック

指定したバージョンが最新版として置き換えられた

直前のバージョンも保存される

使いこなしのヒント
復元したファイルは再び共有できる

共有しているファイルを削除すると、ほかのユーザーも共有リンクを使ってファイルにアクセスできなくなります。前ページの手順でごみ箱からファイルを復元すれば、再びリンクを使ってファイルにアクセスできるようになります。

使いこなしのヒント
エクスプローラーから復元するには

OneDriveで同期されているファイルはエクスプローラーからもバージョン履歴が利用できます。ファイルを右クリックして、[その他のオプションを確認] から [バージョン履歴] を選択しましょう。

使いこなしのヒント
Officeアプリでバージョン履歴を参照するには

間違って編集したファイルがOfficeアプリで作成したファイルの場合は、ファイルをOfficeアプリで開いてから [ファイル] - [情報] の順にクリックし、[バージョン履歴] を選択すると以前のバージョンに戻せます。Officeアプリ上でバージョンごとの内容を確認できるので、どのバージョンに戻せばいいのかを確認しやすいのがメリットです。

3 SharePointのドキュメントを復元する

SharePointでは、[ドキュメント]の変更履歴から以前の内容に戻す「ロールバック」ができます。削除したファイルや間違って編集したファイルを戻したいときに活用しましょう。

> ### 使いこなしのヒント
> **SharePointにもごみ箱がある**
>
> SharePointの[ドキュメント]にも削除したファイルが一旦保管される[ごみ箱]があります。間違ってファイルを削除したときは、まずは[ごみ箱]を確認してみましょう。

ここでは、間違って削除・編集したファイルをSharePoint上で復元する

レッスン40を参考に、SharePointでサイトの[ドキュメント]画面を表示しておく

1 [設定]をクリック

[設定]のメニューが表示された

2 [このライブラリを復元する]をクリック

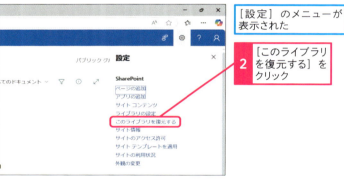

[○○(サイト名)- ドキュメントを復元]画面が表示された

3 [日付の選択]をクリック　　**4** [ユーザー設定の日付と時刻]を選択

> ### 使いこなしのヒント
> **バージョン履歴の機能について**
>
> SharePointのバージョン履歴の機能は標準でオンになっています。ただし、管理者の設定によってはオフになっている場合もあります。[バージョン履歴]が表示されない場合は、復元できない場合があります。管理者に確認してください。

● ファイルを選択する

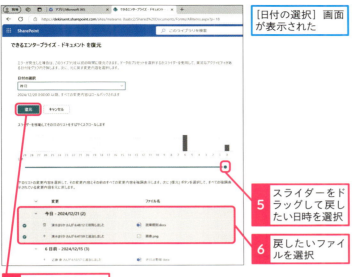

［日付の選択］画面が表示された

5 スライダーをドラッグして戻したい日時を選択

6 戻したいファイルを選択

7 ［復元］をクリック

復元についての確認画面が表示された

8 ［復元］をクリック

9 復元されるまで待つ

［ドキュメントに戻る］をクリックすると、操作1の画面に戻る

使いこなしのヒント
OneDriveはできない

ここで紹介したバージョン履歴から全体を復元する機能は、SharePointの［ドキュメント］に保存されたファイル向けの機能となります。OneDrive for Businessのファイルをこの機能で以前の状態に戻すことはできません。

使いこなしのヒント
以前のバージョンは削除されない

SharePointでは、復元した以前のバージョンの情報は削除されません。選択した以前のバージョンのコピーが作成され、そのコピーが復元後の最新バージョンとして適用されます。

まとめ　安心して使える

OneDrive for BusinessやSharePointには、職務に欠かせないファイルが保存されています。Microsoft 365ではこうしたファイルが簡単に失われないようにするため、ファイルの復元手段が複数用意されています。うっかりミスも珍しくないので、どのようなケースで、どの方法でファイルを復元すればいいのかを事前に確認してきましょう。

この章のまとめ

ファイルや情報を効率的に共有できる

Microsoft 365を使うメリットの1つが、この章で紹介した多彩かつ高度なファイル共有の手段を利用できることです。OneDrive for Businessでは主に個人のファイルを、SharePointでは主に組織のファイルを効率的かつ安全に利用できるようにしておきましょう。

共有や同期、復元など、この章で紹介した機能を積極的に利用することで、組織の情報管理を効率化できます。また、SharePointを使ってイントラネットによる情報発信もできます。さまざまな情報共有を実践してみましょう。

ファイルのバックアップなどにはOneDrive for Businessを利用する

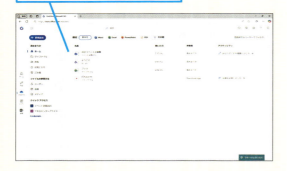

組織でのファイル共有や共同作業にはSharePointを使う

OneDrive for Businessを活用すれば、もうファイルがなくなる心配はありませんね。

内部の人とも、外部の人とも、いろいろなファイルを共有できるから仕事もはかどりそうです。

ブラウザーやTeams、同期など、いろいろな方法でアクセスでき複雑だから、用途ごとに使い方を整理しておくといいよ。組織内で検討してベストプラクティスを広めることが大切だよ。

活用編

第6章

業務にアプリを活用しよう

Microsoft 365では、汎用的な業務に活用できるアプリも提供されています。この章では、資産管理やワークフローに使えるLists、イベント登録やアンケートに活用できるForms、サービスやアプリを連携させることで自動化を実現できるPower Automateの概要を紹介します。

44	業務アプリって何？	156
45	Lists って何？	158
46	資産管理アプリを追加してみよう	160
47	Forms って何？	164
48	申し込みフォームを作ってみよう	166
49	集計結果を見てみよう	170
50	Power Automate って何？	172
51	フローを作ってみよう	174

レッスン 44

Introduction この章で学ぶこと
業務アプリって何?

「業務アプリ」は、資産管理やイベント登録など、日々の業務をサポートしてくれるツールです。Microsoft 365では、いろいろな業務に活用できる汎用的なツールが提供されており、用途に応じてカスタマイズできます。

活用編 第6章 業務にアプリを活用しよう

Excel業務を置き換えられるLists

やっと、プロジェクトで使う新しいパソコンが届きました。

資産として管理するので、Excelのファイルにシリアル番号や購入日を入力しておいてくださいね。

どのファイルだったかな? どこにあるんですか?

困っているようだね。資産管理などの日常的な業務にExcelを使うことが多いけれど、それならMicrosoft 365のListsがおすすめだよ。

Listsって、新しいOfficeアプリですか?

Microsoft 365で提供されているサービスだよ。ブラウザーやTeamsから利用でき、いろいろなデータを登録して、メンバーと共有・編集できる。

具体的に、どんな業務に使えるんですか?

資産管理、問題追跡、出張申請、経費精算、住所録、サポート対応など、工夫次第でいろいろな用途に使えるんだ。Excelで管理している表などを移行するのに適しているよ。

イベント開催やアンケート収集に役立つForms

Microsoft 365の勉強会を開きたいのですが、参加者を集めたり、管理したりするのが大変そうで、どうしようか悩んでいます。

申し込みフォームやアンケートの作成・集計に適している

それなら、Formsを使うのがおすすめだよ。申し込み用の入力フォームが簡単に作れるんだ。入力された情報も自動的に集計できるから、人数の把握なども簡単にできる。

外部の人も招待できるんですか？ それなら製品問い合わせとか、アンケートとか、いろいろ活用できそうですね。

アプリやサービスを連携させて自動化するPower Automate

業務をもっと効率化したいなら、アプリやサービスの連携ができるPower Automateも活用すると便利だよ。例えば、Teamsの投稿から自動的にタスクを登録して管理することなどができるんだ。

データベースから営業情報を取り出して、メールで報告する作業から解放されそうです。

Microsoft 365のサービスなら簡単に連携できるんですね。いろいろな処理を自動化してみたいです。

レッスン 45 Listsって何?

Listsの概要

業務で使っている身の回りのデータをListsで管理しましょう。例えば、Excelで管理している資産情報などをListsに移行できます。データを簡単に登録・編集でき、しかもメンバーで共有できるのがメリットです。

情報を保存・編集・共有できるLists

Listsは、情報を柔軟に管理、整理できるデータの保管場所です。データの入力・編集が簡単にできるだけでなく、チームのメンバーやアクセス権を持ったユーザーと共有できるのが特徴です。資産管理や問題の追跡、連絡先、リンク集など、業務に使うさまざまなデータの保存・編集・共有に活用できます。

キーワード	
CSV	P.235
Lists	P.235
SharePoint	P.236
Teams	P.236
テンプレート	P.237

使いこなしのヒント
ワークフローも利用できる

Listsでは、ワークフローの機能も提供されています。例えば、出張申請で申請を自動的に上司に送り、承認を得ることもできます。現実の組織のルールや業務の流れに従ったデータ管理が可能です。

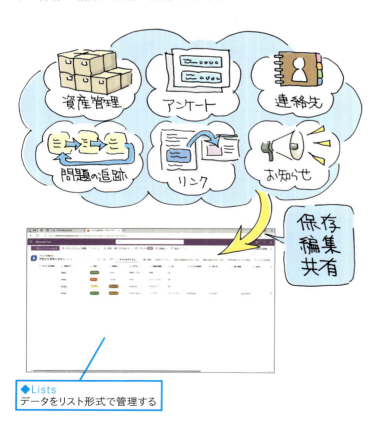

◆Lists
データをリスト形式で管理する

使いこなしのヒント
使い方は2通りある

Listsの使い方は大きく分けて2通りです。1つは登録するデータの項目を自分で設計して自由に利用する方法、もう1つは登録済みのテンプレートから選択して利用する方法です。いきなり自分で設計するのは難易度が高いため、本書ではテンプレートから作成する方法を紹介します。テンプレートに慣れてから、自分で設計してみましょう。

3つの場所から使える

Listsは、3つの方法で利用できます。1つめはMicrosoft 365のアプリ一覧からブラウザーで利用する方法、2つめはSharePointサイトから利用する方法、3つめはTeamsのリストタブから利用する方法です。どの方法でも参照するデータは共通です。どこから使うかの違いになります。

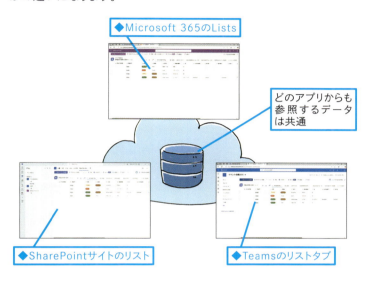

◆Microsoft 365のLists

どのアプリからも参照するデータは共通

◆SharePointサイトのリスト　◆Teamsのリストタブ

いろいろなアプリを作れる

Listsには、以下のように、業務に合わせて設計された豊富なテンプレートが用意されています。ここから選ぶだけで、さまざまな業務アプリを実際に組織に展開することが可能です。

テンプレートを選ぶだけで業務に活用できる

- ・問題追跡
- ・従業員のオンボーディング
- ・イベントの日程
- ・アセットマネージャー
- ・採用追跡
- ・出張申請
- ・承認付き出張申請
- ・作業トラッカー
- ・コンテンツスケジューラー
- ・承認付きコンテンツスケジューラー
- ・プレイリスト
- ・ギフトのアイデア
- ・経費追跡
- ・レシピトラッカー
- ・リーディングリスト
- ・部屋探し
- ・ジョブ募集トラッカー
- ・製品サポート指標

👍 スキルアップ
ExcelやCSVをインポートできる

Excelやほかの業務アプリで管理しているデータがすでに存在する場合は、そのデータをインポートできます。特定の担当者のパソコンに保存されているデータを組織で共有すれば、誰でもデータを参照したり、入力作業の負担を軽減したりすることが可能です。

💡 使いこなしのヒント
テンプレートを基にカスタマイズできる

テンプレートはカスタマイズも可能です。列の名前を変更したり、新しい列を追加したりすることが簡単にできます。また、目的に応じてデータの表示方法を変えられる「ビュー」を作ったり、データ入力用の「フォーム」を作ったりもできます。

👆 まとめ
気軽に使えるデータベース

Listsは、誰でも、気軽に使えるデータベースです。いろいろなデータを保存し、メンバーで参照したり、編集したりできます。データベースと聞くと、難しいイメージを持つかもしれませんが、Excel感覚で扱えるアプリとなっていますので、気軽に使ってみましょう。カスタマイズも簡単にできるので、身の回りの業務に活用するといいでしょう。

レッスン 46 資産管理アプリを追加してみよう

アプリ作成

Listsのテンプレートとして用意されている「アセットマネージャー」を使ってみましょう。組織やチーム、プロジェクトなどで使う資産を登録し、誰が使っているのかなどを簡単に管理できます。

キーワード
Lists	P.235
Teams	P.236
テンプレート	P.237

1 TeamsからListsを利用する

ここではTeamsからListsを利用する方法を紹介します。Teamsから利用することで、自動的にチームのメンバーでListsを共有でき、共同作業をすぐに始めることができます。

使いこなしのヒント
個人でのみ使いたいときは

個人的な情報をListsで管理したいときは、Teamsではなく、ブラウザーでMicrosoft 365のポータルにアクセスし、アプリの一覧からListsを起動します。共有設定をしない限り、自分だけがアクセスできるアプリとしてListsを利用できます。

レッスン28を参考に、TeamsでアプリをしたいチャネルにTeamsで開いておく

1 [+] をクリック

アプリの追加画面が表示された　**2** [Lists] をクリック

使いこなしのヒント
リストを削除するには

追加したリストを削除したいときは、登録されたリストの名前をクリックし、[このリストを削除] を選択します。ただし、リストを削除すると、データも削除されるので注意しましょう。

ここに注意

手順1操作2の画面で、一覧に [Lists] が表示されない場合は、[すべて表示] をクリックして、表示されるアプリを増やしてみましょう。

● Listsを追加する

3 ［保存］を
クリック

TeamsにListsが
追加される

2 新しいリストを作成する

チャネルに［Lists］タブが追加された　　1 ［リストの作成］をクリック

［リストを作成］画面が表示された　　ここでは、資産管理用に使える［アセットマネージャー］を作成する

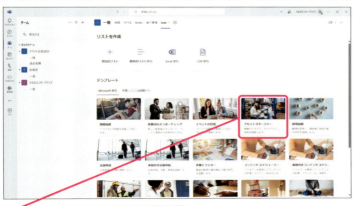

2 ［アセットマネージャー］をクリック

使いこなしのヒント
メンバーなら誰でも編集できる

チャネルに追加したリストは、チャネルのメンバーであれば誰でも設計を変更したり、データを追加したりできます。メンバーの権限を制限したいときは、右上にある［アクセス許可の管理］から［グループ］タブを表示し、グループのMembersの権限を［表示可能］などに変更します。

46 アプリ作成

使いこなしのヒント
既存のリストも追加できる

手順2操作1の画面で、［既存のリストを追加］をクリックすると、作成済みのリストを選択して登録できます。SharePointなど、Teams以外の方法で作成したリストがある場合は、この方法で追加できます。

スキルアップ
Excelを追加するには

Excelで管理しているデータ（資産管理表など）がある場合は、手順2操作2の画面で［Excelから］を選択し、元となるExcelの表を指定するとListsにデータを取り込めます。ただし、あらかじめ取り込みたいデータをテーブルとして定義しておく必要があります。

次のページに続く➡

できる　161

●テンプレートの内容を確認する

［アセットマネージャー］画面が表示された

テンプレートの内容や画面のプレビューを確認する

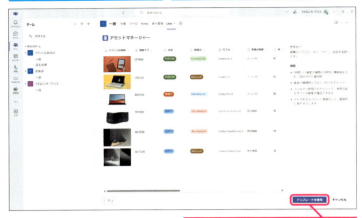

3 ［テンプレートを使用］をクリック

リストの名前やアイコンを設定できるようになった

ここでは標準設定のままリストを作成する

4 ［作成］をクリック

Teamsに［アセットマネージャー］タブが追加され、リストが利用できるようになった

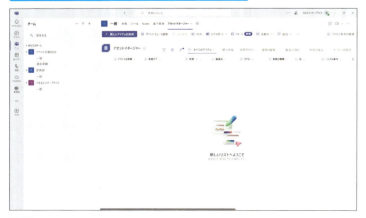

スキルアップ

ブラウザー上で利用するには

作成したリストは、ポータルの［Lists］アプリからも利用できます。ブラウザーでMicrosoft 365ポータルにアクセスし、［アプリ］-［Lists］の順にクリックすると、［最近使用したリスト］に作成したリストが表示されます。

ブラウザーで［Lists］アプリを起動しておく

1 ［最近使用したリスト］のリストをクリック

リストが表示された

ここに注意

Teamsのタブとして登録したリストは、チャネルのメンバーで共有されていきます。ほかのメンバーもデータを参照することを意識して、個人情報や機密情報などを入力しないように注意しましょう。

3 追加したアプリを利用する

登録した［アセットマネージャー］を使ってみましょう。チームで購入したパソコン、イベント用の機材、配布用のチラシなど、チームで管理すべき資産を登録して管理できます。

チームの［アセットマネージャー］タブを表示しておく

1 ［新しいアイテムを追加］をクリック

［新しいアイテム］ダイアログボックスが表示された

チームで管理したい資産の種類やタグ、状態などの情報を入力する

2 資産の情報を入力

3 ［保存］をクリック

チームで管理する資産が登録された

メンバーは、新たな資産を登録したり、利用状況などを管理できる

使いこなしのヒント
入力用のフォームも作れる

［アセットマネージャー］タブの上部に表示されている［フォーム］をクリックすると、入力用フォームのデザインもできます。入力項目の説明を記入したり、必須の項目のみを入力できるように構成したりと、用途に応じて作成できます。

スキルアップ
ワークフローも使える

用意されているテンプレートのうち、「承認付き○○」というテンプレートにはワークフローの機能が組み込まれています。入力した情報が自動的に決裁権者に送られ、承認するかどうかを選択できます。業務の流れを自動化できるので活用してみましょう。

まとめ
工夫次第で多彩な業務に使える

Listsは、工夫次第でさまざまな業務のサポートに利用できます。ここでは資産管理での使い方を紹介しましたが、ほかのテンプレートを利用したり、リストを最初から設計したりすることで、別の業務にも活用できます。多彩な業務に活用できる自由度の高いアプリとなっています。

レッスン 47　Formsって何？

Formsの概要

データの収集と集計に利用できるのがMicrosoft 365のFormsです。各種フィードバック、登録・申し込み、アンケートやリサーチ、試験やクイズなど、多数の相手からの情報収集が簡単にできます。

キーワード

Forms	P.235
テンプレート	P.237

情報を収集・集計できるWebフォーム

Formsは、誰もが簡単にアクセスし、情報を入力できるWebフォームを作成できるアプリです。例えば、イベント参加の可否や参加者の情報を入力してもらうフォームを作成し、参加者を集計することなどができます。

使いこなしのヒント

組織外の相手とのやり取りにも利用できる

Formsは、組織内での利用はもちろんのこと、組織外の相手とのコンタクトにも利用できます。広くイベント参加者を募ったり、組織への問い合わせに利用したり、採用フォームに利用したりできます。

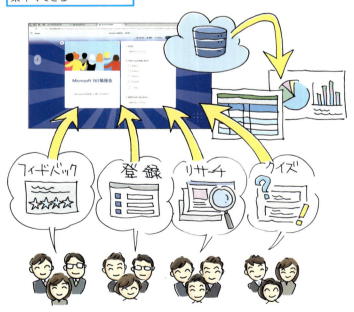

Formsでは収集と集計が素早くできる

スキルアップ

メンバー共同でフォームを作成できる

Formsは、複数のユーザーで共同編集もできます。メンバーそれぞれが質問項目を考えたいときなどに利用するといいでしょう。共同編集では、Teamsのチームのタブとして［Forms］を追加します。［チームが編集して結果を表示できる共有フォームを作成します］を選択すると、メンバーで相談しながら作成できます。

はじめてでも簡単に作れる

Formsの最大の特徴は、誰でも簡単に、凝ったデザインのフォームを作成できる点です。あらかじめ用意されたテンプレートを選択したり、デザインを選んだり、画面上に質問を配置したりするだけで、Webベースの入力フォームを作れます。Webページ制作の経験がなくても簡単に利用できます。

豊富なテンプレートが用意されている
簡単な操作で、フォームの送信と収集ができる
簡単な操作ではじめてでも使える
メンバーとの共同編集も可能

自動的に回答を集計できる

Formsで登録申し込みやアンケートを実施するメリットは、回答を自動的に集計できる点にあります。メールなどでの回答と違って、いちいち回答を確認し、Excelなどで集計する必要はありません。自動的に出席者を確認したり、意見を集計したりできます。

回答を自動的に集計できる
平均の応答時間が表示される
回答の傾向をグラフで簡単に把握できる

使いこなしのヒント
豊富なテンプレートが用意される

Formsでは、［フィードバック］［登録］［リサーチ］［要求］［評価］など、カテゴリごとに豊富なテンプレートが用意されています。例えば、「従業員満足度アンケート」「顧客フィードバックアンケート」「出欠確認アンケート」「市場調査アンケート」「オフィス設備の申請書」「コース評価アンケート」などを利用できます。

スキルアップ
高度なフォームも作れる

Formsでは、日本語以外の言語に対応した多言語対応のフォームも作成できます。また、回答によって質問を分岐させるなど、高度なフォームも作成可能です。

まとめ　情報収集に活用しよう

Formsは、特定、不特定を問わず、複数の相手から情報を収集し、その結果を集計するのに役立つアプリです。質問項目を選んで配置するだけの簡単な操作で誰でも入力フォームを作成し、配布できます。集計も自動的に行われるので、多数の回答の処理に時間を消費することもありません。

レッスン 48 申し込みフォームを作ってみよう

フォーム作成

Formsを実際に使ってデータの収集と集計をしてみましょう。ここでは例として、イベント参加用の申し込みフォームを作成します。テンプレートを活用することで簡単にフォームを作成できます。

キーワード
Forms	P.235
テンプレート	P.237
ポータル	P.237

1 フォームを作成する

レッスン40を参考に、Microsoft 365ポータルの［アプリ］画面を表示しておく

1 ［Forms］をクリック

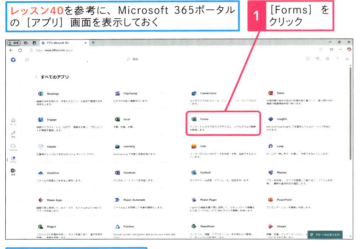

［Forms］画面が表示された

ここでは、イベント参加用の申し込みフォームを新しく作成する

2 ［新しいフォーム］をクリック

使いこなしのヒント
テンプレートからも開始できる

手順1操作2の画面で、一覧に使いたいテンプレートが表示されているときは、テンプレートからも作業を開始できます。また［テンプレートギャラリー］を選択することで、より多くのテンプレートを表示して、テンプレートから作業を開始できます。

使いこなしのヒント
既存のフォームを編集するには

手順1操作2の画面では、最近利用したフォームなどが表示されます。既存のフォームを編集したいときは、ここから選択しましょう。また、［マイグループ］からグループで共有されているフォームの編集も可能です。

● フォームの作成画面が表示された

[無題のフォーム] 画面が表示された

ここではテンプレートから作成する

3 [イベント登録] をクリック

2 フォームを編集する

あらかじめ質問などが登録された [イベント登録] フォームが表示された

1 フォームのタイトルを入力
2 フォームの説明を入力

3 画面右の質問項目を下にスクロール

新しい質問を作成する

4 [新しい質問の追加] をクリック

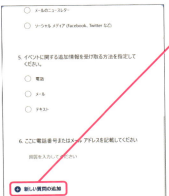

使いこなしのヒント
項目を削除するには

テンプレートに不要な質問項目が存在するときは削除できます。質問をクリックすると以下のように編集画面が表示されるので、上部の [削除] をクリックします。

1 [削除] をクリック

ここに注意

間違って質問を削除したり、内容を編集したりした場合は、Ctrl+Zキーを押しても元に戻すことはできません。もう一度、質問を追加したり、編集し直したりする必要があります。

使いこなしのヒント
ドラッグで順番を変えられる

質問の順番は自由に変更できます。質問をドラッグして、表示したい場所に移動しましょう。ただし、前後の質問に関連性がある場合は、配置場所を慎重に検討する必要があります。

● 質問の種類を選択する

質問の種類が表示された　｜　ここでは、自由に意見を入力できるテキスト欄を追加する

5 ［テキスト］をクリック

自由入力形式の質問が挿入された　｜　**6** 質問を入力

7 ［長い回答］を［オン］に設定

ほかの項目も必要に応じて設定する

質問内容が設定できた

使いこなしのヒント

さまざまな質問を選べる

質問には、以下のような種類があります。目的に応じて使い分けましょう。

- 選択肢：いくつかの候補から回答を選ぶ
- テキスト：文章などで自由に回答を入力する
- 評価：星の数などで段階的に回答する
- 日付：カレンダーから日付を選択する
- ランキング：候補を並べ替えて評価する
- リッカート：質問にどの程度同意するかを選択する
- ファイルのアップロード：ファイルを収集する
- Net Promoter Score：11段階などのスコアで評価する
- セクション：質問の区切りに利用する

⚠ ここに注意

手順2操作6の画面で質問への回答を［必須］にすると、回答者が未回答の状態ではフォームを送信できません。［必須］が多いと回答の手間がかかるので、必須にするかどうかは、回答する人の立場になって慎重に検討する必要があります。

3 フォームのプレビューを確認する

作成したフォームをプレビューしてみましょう。回答者に表示される画面を確認したり、質問内容や回答方法を事前にチェックしたりできます。送信前に必ず自分でも回答して確認しておきましょう。

| 作成したフォームを確認する | **1** ［プレビュー］をクリック |

| プレビュー画面が表示された | 回答者が見るフォームの画面を確認できる |

2 ［今すぐ開始］をクリック

| 質問が表示された | **3** 質問内容を確認 |

4 ［戻る］をクリック

⏱ 時短ワザ
テンプレートとして共有できる

作成したフォームは、テンプレートとしてメンバーと共有できます。組織でよく使うフォームを共有すると、作成の手間を省けるでしょう。共有する場合は、手順3操作1の右端にある［…］から［共同作業または複製］を選択し、［テンプレートとして共有］を選びます。

💡 使いこなしのヒント
デザインを変更するには

アンケートのデザインを変更したいときは、手順3操作1の画面上部に表示されている［スタイル］から設定します。レイアウトや背景を変更したり、BGMを設定したりできます。

まとめ　誰でも簡単に作成できる

フォームの作成はとても簡単です。質問の種類を選んで内容を入力するだけです。テンプレートを活用すれば、よくある質問が設定済みになっているので作成の時間も労力も省けます。逆に、手軽すぎて、質問項目が増えてしまいがちです。凝った見た目になりすぎないように気を付けましょう。

レッスン 49 集計結果を見てみよう

集計結果の確認

作成したフォームを送信し、回答結果を見てみましょう。フォームはメールやリンクを使って送信できます。特定の相手の場合はメールで送信し、不特定の場合はリンクをWebページやSNSなどに貼り付けるといいでしょう。

キーワード	
Forms	P.235

使いこなしのヒント
組織内のユーザーに送る場合は

標準では、回答可能なユーザーとして[○○（組織名）内のユーザーのみが回答できます]が選択されています。この場合、組織に登録されているユーザーは誰でも回答できます。もしも、特定のユーザーのみが回答できるようにしたいときは、このままユーザーを指定しましょう。

1 フォームを送信する

レッスン48を参考に、フォームの作成画面を表示しておく

1 ［回答を収集］をクリック

［回答の送信と収集］ダイアログボックスが表示された

標準では組織内のユーザーのみが回答可能になっている

ここでは、組織内のユーザー以外に誰でも回答できるように設定する

2 ［すべてのユーザーが回答可能］をクリック

ここではリンクで共有する

3 ［リンクをコピー］をクリック

メールやSNS、Webページなどにリンクを貼り付けて質問を送る

使いこなしのヒント
組織内のみの場合は名前の記録や回答数を設定できる

回答可能なユーザーとして、組織内のユーザーを選択した場合は、回答者の名前を自動的に記録したり、回答数を1回のみに制限したりできます。一方、［すべてのユーザーが回答可能］を選択した場合は、匿名の回答になるため、これらの機能は使えません。

2 結果を確認する

フォームへの回答は、[応答の概要] 画面で確認できます。何人が回答したのか、各質問への回答の割合はどうなっているのかといった情報が自動的に集計されます。

回答が送信されていると、[応答を表示]に数字が表示される

1 [応答を表示]をクリック

[応答の概要] 画面が表示された

応答の数や質問への回答の割合などが確認できる

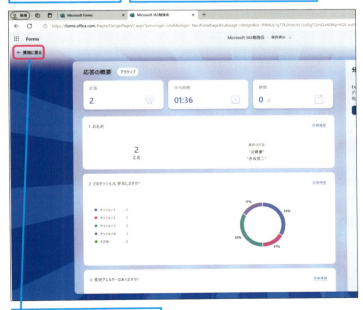

[質問に戻る] をクリックすると、質問画面に戻る

使いこなしのヒント
メールでも送信可能

ここではリンクを使ってフォームを送信する方法を紹介しましたが、メールアドレスを指定するとメールでもフォームを送信できます。また、2次元コードを生成してスマートフォンから回答しやすい方法でフォームを公開することもできます。

スキルアップ
Excelでも確認できる

アンケート結果はExcelでも確認できます。手順2の下の画面で、[Excelで結果を開く]をクリックすると、Web版のExcelで表示されます。回答者や回答結果を表で確認できます。なお、Web版で表示している限り（OneDrive上に回答が保存されている限り）は、フォームの結果と連動するため、後から送信された回答が自動的にExcelにも反映されます。

まとめ　集計の手間が省ける

Formsを利用すると、面倒な集計作業から解放されます。回答は自動的に記録され、回答者の数や質問の選択肢の割合などが自動的に表示されます。メールでアンケートを送信し、手動で集計していた場合と比べると、大幅に時間と手間を節約できるでしょう。質問側も、回答者も手軽に利用できるので、いろいろな業務で活用してみましょう。

レッスン 50 Power Automate って何?

Power Automateの概要

Power Automateは、業務や反復処理の自動化を実現できるツールです。よく使うアプリやサービスの間で自動化されたワークフローを作成し、ファイルの同期、通知の受信、データの収集などを実現できます。

キーワード	
Power Automate	P.235

使いこなしのヒント
利用できるコネクタが限られる

Power Automateには、複数のプランが用意されています。Microsoft 365に含まれるプランでは、ほかのアプリと連携するための「コネクタ」が限られており、「Premium」と記載されたコネクタは利用できません。より複雑なフローやサードパーティのシステムと連携するには、有料版のPower Automateを別途契約する必要があります。

業務でよくある課題

普段の業務では、複数のアプリやサービスの間で、人間がデータを仲介することが多くあります。例えば、業務アプリからデータを取り出して、メールで送信するといった作業などが繰り返し実行されます。

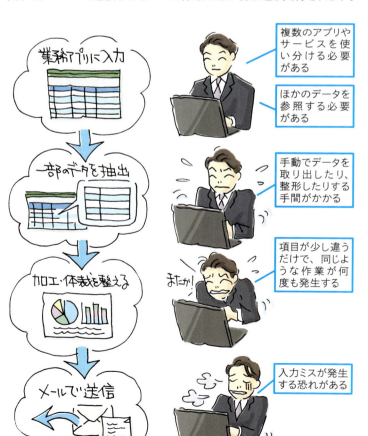

使いこなしのヒント
学習コンテンツを活用しよう

Power Automateを活用するには、基本からしっかりと内容を理解する必要があります。本書で紹介するのは、概要、およびはじめの一歩となる部分のみです。Power Automateのページから、豊富な学習コンテンツにアクセスできるので、次のステップに進みたい場合に活用しましょう。

Power Automateを利用すると

Power Automateは、人間に代わってプログラムが自動的にさまざまな処理を実行するツールです。あらかじめ人間が内容を定義しておけば、設計通り自動的にPower Automateが処理を実行します。

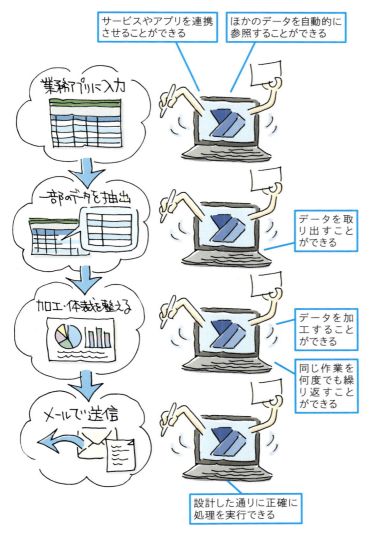

- ●複数の処理を簡単に実現
- ●繰り返し処理を高速かつ自動的に実行
- ●ミスが発生しにくい

👍 スキルアップ

Power Automate Desktopって何?

Power Automateは、主にクラウド上で提供されているサービスを連携するためのものとなります。このほか、Power AutomateファミリーにはPower Automate Desktopと呼ばれるデスクトップアプリケーションの操作を自動化するツールもあります。実際に業務を自動化する場合は、これらを組み合わせて利用する場合もあります。

👇 まとめ　繰り返し処理をミスなく実現

Power Automateを利用すると、複雑な処理や繰り返し業務を自動化したり、操作の過程でのミスを軽減したりできます。組織内で、決まった流れがある業務は、Power Automateで自動化できるかどうかを検討してみるといいでしょう。時間と手間を大幅に削減できる可能性があります。

レッスン 51 フローを作ってみよう

フロー作成

実際にPower Automateを使って複数のアプリの操作を自動化してみましょう。Power Automateでは、操作の流れを定義したものを「フロー」と呼びます。テンプレートから簡単なフローを作ってみましょう。

キーワード	
Power Automate	P.235
テンプレート	P.237
フロー	P.237

1 テンプレートを選択する

使いこなしのヒント
何をするフローなの？

このレッスンで紹介しているのは、Teamsに「TODO」で始まる投稿があったときに自動的にPlannerのタスクを登録するフローです。以下の画面のような動作を実現できます。

レッスン40を参考に、Microsoft 365ポータルの［アプリ］画面で［Power Automate］をクリックする

右のURLに直接アクセスしてもいい

▼Power Automate
https://make.powerautomate.com

1 ［+作成］をクリック

ここではテンプレートからフローを作成する

2 ［チャネルの投稿の先頭に「TODO」という記述がある場合にPlannerタスクを作成する］をクリック

Teams上で、指定のチャネルに「TODO」と記載して投稿する

Plannerで自動的にタスクが登録される

2 フローを作成する

フローの説明や利用するコネクタが表示された　　　1 [続行] をクリック

事前に設定するTeamsの
チャネルやPlannerの情報
を確認しておく

2 投稿をチェックするチームとチャネルを設定

3 タスクを作成するPlannerの計画を設定

4 [作成] をクリック

フローが作成された　　条件を満たすと自動的に実行される

💡 使いこなしのヒント
結果を確認するには

フローの実行結果は、手順2の最後の画面で確認できます。エラーなどなく実行された場合は、画面下の [28日間の実行履歴] 欄の [状況] に [成功] と表示されます。思い通り動かない場合は、この表示を確認してみましょう。

実行日時と、成功したかどうかを
確認できる

💡 使いこなしのヒント
Plannerの設定が必要

このレッスンで紹介しているフローでは、あらかじめPlannerの計画を作成しておく必要があります。もしも、計画がない場合は、手順2操作2の画面で計画の設定時に [カスタム項目の追加] から新しい計画を作成できます。

✋ まとめ　業務の流れを見直そう

Power Automateを利用する際は、業務の流れや実際に行われている作業の詳細を分析し、それをフローとして再現する必要があります。中には、あまり重要でない業務や重複している業務が見付かる場合もあるでしょう。この場合、無理に自動化するのではなく、業務の見直しや廃止を検討するのも1つの方法です。業務プロセスの改善にも役立てましょう。

できる　175

この章のまとめ

テンプレートや学習コンテンツを活用しよう

この章では、Lists、Forms、Power Automateを紹介しました。これらの機能は、確かに手軽さが特徴ですが、Microsoft 365で提供されているアプリの中では比較的使いこなすのが難しいものといえます。このため、実際の業務に役立てる際は、無償で提供されているテンプレートや学習コンテンツの活用が重要です。テンプレートを変更しながら組織の業務に合わせてカスタマイズし、学習コンテンツを参考にしながらより高度な機能を使えるようになりましょう。

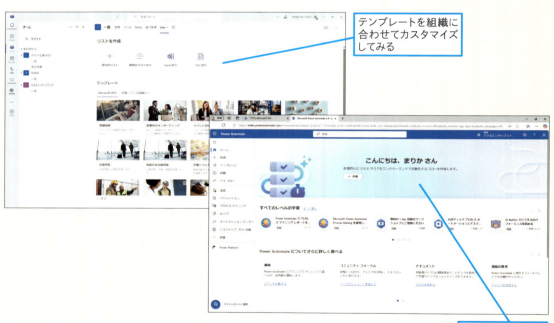

テンプレートを組織に合わせてカスタマイズしてみる

学習コンテンツで基礎から応用までしっかりと使い方を学べる

普段の業務が便利になりそうです。早速アンケートをFormsで送ってみようと思います。

私は毎日の作業をPower Automateで自動化してみたいです。

2人とも、ぜひ挑戦してみてほしい。テンプレートや学習コンテンツを活用すれば、時間はかかるかもしれないが、必ず成果に結び付くはずだよ。

活用編

第**7**章

Microsoft 365を
管理しよう

Microsoft 365を組織で利用するには管理作業が必要です。最
初にやっておくべき設定や人事異動などで必要になる管理作業
について確認しておきましょう。なお、この章の操作は、管理者
として登録されているユーザーが実行します。

52	Microsoft 365の管理について	178
53	Microsoft 365をセットアップするには	180
54	Microsoft 365にユーザーを追加するには	192
55	Microsoft 365にグループを追加するには	196
56	会議室を追加するには	200
57	セルフパスワードリセットを設定するには	202
58	利用状況を確認するには	204

レッスン 52

Introduction この章で学ぶこと

Microsoft 365の管理について

Microsoft 365を利用するには、初期設定をしたり、ユーザーを登録したりする必要があります。こうした作業を「管理作業」といいます。また管理作業をする人を「管理者」と呼びます。

管理者に必要な作業内容を確認しよう

Microsoft 365を契約したので、早速ほかの社員にも伝えて、業務に使ってみようと思います。

私もTeamsを使ってビデオ会議をしてみたいです。どこにアクセスすれば使えるのですか？

まあ、慌てないで。使い始めるには初期セットアップや、いくつかの管理作業が必要だよ。管理者は誰かな？

僕が担当者なので、僕が管理者だと思います。でも、具体的に何をすればいいんですか？

組織のメンバーをユーザーとして登録したり、ライセンスを割り当てたり、部署単位でグループを作ったり、いろいろな作業がある。管理者は、そうした設定を許可された特別なユーザーなんだ。

「特別」なのはうれしいですが、なんだか難しそうです。僕でもできますか？

心配はいらないよ。Microsoft 365には、分かりやすい「管理センター」が用意されていて、そこからほとんどの設定ができる。どういうときに、何を設定すればいいのかさえ分かっていれば、画面上の指示に従って簡単に管理できるんだ。

まずは初期設定。カスタムドメイン設定を忘れずに

それなら安心です。まずは、どんな作業から始めればいいですか?

初期設定として、欠かせないのは「カスタムドメイン」の設定だよ。「○○@dekiruent.com」のような自社のドメイン名をユーザー名やメールアドレスで使えるようにするんだ。

難しそうですが、大丈夫ですか?慎重に作業してくださいね。

ユーザーやグループを登録しておこう

私も使ってみたいので、ユーザー名を教えてください。

ちょっと待って。みんなのユーザー名ってどうやって発行すればいいんですか?

使う人の分だけユーザーを登録して、ライセンスを登録しよう。ほかにも、部署やプロジェクトチームごとにグループを作成したり、予約用の会議室も登録したりする必要がある。いろいろな管理作業があるから、順番に説明しよう。

レッスン 53 Microsoft 365をセットアップするには

カスタムドメイン設定

Microsoft 365を組織で使うために必要なセットアップを実行しましょう。中でも「カスタムドメイン」の設定は必須の項目となります。ドメインプロバイダーの設定画面と切り替えながら、設定する必要があります。

キーワード

Microsoft 365管理センター	P.235
デバイス管理	P.237
ドメイン	P.237

用語解説

管理者アカウント

管理者アカウントは、Microsoft 365の設定変更の権限を与えられた特別なユーザーです。初期設定時は、契約の際に登録したアカウントが自動的に管理者アカウントとして設定されます。管理者アカウントが不正使用されると組織の情報が外部に漏えいする危険があります。複雑なパスワードを設定するなど、アカウントのセキュリティに注意しましょう。なお、ユーザーの管理権限は、[アクティブなユーザー]でユーザーを選択し、[役割]の[管理センターに対するアクセス]で管理したい機能に合わせて設定できます。

1 管理センターにアクセスする

Microsoft 365の管理作業は、「Microsoft 365管理センター」というWebページで実行します。この画面では、左側のメニューからユーザーやグループ、リソースなどの各種設定ができます。管理者アカウントでアクセスしましょう。

右記のURLにアクセス後、管理者アカウントでサインインする

▼Microsoft 365
https://www.microsoft365.com

1 [管理]をクリック

新しいタブで[Microsoft 365管理センター]画面が表示された

2 [セットアップ]をクリック

ここに注意

左側に[管理]が見当たらないときは、個人のアカウントや管理者以外のアカウントでサインインしている可能性があります。右上のユーザーアイコンをクリックし、[別のアカウントでサインインする]から、管理者アカウントでサインインし直しましょう。

2 初期設定で必要な項目を確認する

管理センターで、まず確認すべきなのは［セットアップ］画面です。カスタムドメインの設定やユーザーの追加など、Microsoft 365を組織で利用するために必要な初期設定がまとめられています。

［セットアップ］画面が表示された

一般的な設定項目と現在の設定状態を確認できる

1 ［サインインとセキュリティ］から初期設定の項目を確認

2 ［カスタムドメインを設定する］をクリック

●［サインインとセキュリティ］について

［サインインとセキュリティ］で、最初にやっておくべきおすすめの設定は以下の通りです。各項目の［状態］をクリックすると、設定が開始します。

・カスタムドメインを設定する　→このレッスンの次ページ
・ユーザー自身がパスワードをリセットできるようにする　→レッスン57

設定が完了していない項目は、ここをクリックすると設定できる

設定が完了しているとチェックマークが表示される

💡 使いこなしのヒント
管理センターで実行できる主な設定

管理センターでは、Microsoft 365のあらゆる機能の設定が可能です。中でもよく使うのは［ユーザー］や［チームとグループ］の設定です。人事異動や組織変更に合わせてユーザーやグループを追加する際に利用します。また、［セットアップ］からMicrosoft 365に必要な設定を実行したり、［課金情報］からライセンスを追加したりできます。このほか、[Microsoft Intune]でパソコンなどのデバイスを管理でき、[Teams]などからアプリごとの設定を変更できます。

💡 使いこなしのヒント
すべて実行する必要はない

［セットアップ］には、たくさんの項目が用意されていますが、すべて実行する必要はありません。説明を確認し、自分の組織に必要な項目のみを実行しましょう。必須なのは、次ページから紹介しているカスタムドメインの設定です。最低でも、カスタムドメインの設定だけは実行しましょう。

👍 スキルアップ
既存の環境からの移行もできる

［セットアップ］では、既存環境からの移行もサポートされています。Google Workspaceなどほかのサービスからの移行や、従来のファイルサーバーによるファイル共有からSharePointへの移行も可能です。移行に関する設定は、［おすすめコレクション］に表示される［移行とインポート］から実行できます。

カスタムドメインの設定について

Microsoft 365を契約した直後のドメインは、「○△□.onmicrosoft.com」となっています。
「dekiruent.com」など、組織で取得したドメインがある場合は、そのドメインをMicrosoft 365で使えるように設定しましょう。

●カスタムドメインのメリット

MarikaS@**dekiruent.onmicrosoft**.com

MarikaS@**dekiruent**.com

> カスタムドメインを設定すると、サインインやメールに独自ドメインを使える

> サインインのアカウントやメールアドレスを独自ドメインに変更できる

●設定条件
・組織の独自ドメインを取得済み
・独自ドメインのDNS設定が変更できる

> ⚠️ **ここに注意**
> このレッスンでは、Microsoft 365の管理センターとドメインプロバイダー（ドメインを管理している事業者）の設定ページを交互に操作する必要があります。ブラウザーのタブを使って、両方の画面を表示し、行き来しながら設定するといいでしょう。設定が完了するまで、両方のページを閉じることなく、開いたまま作業するように注意しましょう。

> 📖 **用語解説**
> **カスタムドメイン**
> ドメインは、メールアドレスの「@」以降やWebページのURLなどに使える組織の名前です。カスタムドメインでは、企業名や団体名、ブランド、商品名などを設定できます。インターネット上でWebページの場所を表す住所のような役割と考えると分かりやすいでしょう。

3 カスタムドメインの設定を開始する

ここでは、前ページの手順から続けて操作する

［カスタムドメインを設定する］が表示された

1 ［始める］をクリック

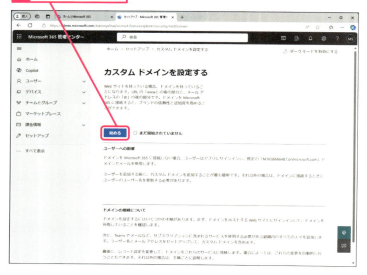

> 💡 **使いこなしのヒント**
> **すでに利用しているドメイン名を利用可能**
> すでに組織のWebページ用にドメイン名を取得している場合は、そのドメイン名をMicrosoft 365でも利用できます。ドメインの用途や組織のルールによって異なる場合もありますが、通常はMicrosoft 365のためだけに独自のドメインを新たに取得する必要はありません。

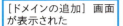 **4 TXTレコードを表示する**

まずは、設定予定のドメインを正式に所有していることを証明します。「Microsoft 365が指示した特定の値をドメインに設定できる＝ドメインを所有している」という方法で証明します。

| [ドメインの追加] 画面が表示された | 1 [ドメイン名] のここに利用するドメイン名を入力 |

2 [このドメインを使用する] をクリック

| ドメインの所有確認についての画面が表示された | 3 [ドメインのDNSレコードにTXTレコードを追加する] をクリック |

4 [続行] をクリック

5 追加するTXTレコードを確認 | 画面下の [確認] はまだクリックしない | 別の設定をしてから [確認] をクリックするので、この画面のまま次の手順に進む

使いこなしのヒント
動画で操作を確認できる
カスタムドメインの設定画面には、登録すべきレコードの情報と一緒に、設定方法を紹介した動画のリンクも表示されます。ただし、設定方法は、利用するドメインプロバイダーによって異なるので、参考程度に確認しましょう。

用語解説
DNS
DNSは、インターネット上のサーバーに、分かりやすい名前を付けられるサービスです。実際のアクセス先の住所となるIPアドレス（13.107.6.156など）に対して、分かりやすい名前（admin.microsoft.com）を設定できます。

用語解説
TXTレコード
TXTレコードは、名前の代わりに、汎用的な文字列情報を登録するときに利用します。各種情報表示や所有証明、迷惑メール対策などに利用されます。

ここに注意
このページの操作が終わってもブラウザ自体や表示中のページを閉じないように注意してください。後で、このページに戻って操作を続けます。

5 プロバイダー画面でTXTレコードを登録する

Microsoft 365の画面に表示されたTXTレコードを、所有しているドメインに登録しましょう。この操作は、ドメインを契約しているドメインプロバイダーの管理画面で実行します。

> ⚠️ **ここに注意**
>
> DNSレコードの設定方法は、ドメインを管理しているドメインプロバイダーによって異なります。ここでは、「お名前.com」での設定例を紹介しますが、ほかのドメインプロバイダーを利用している場合は、ヘルプページなどを参考にDNSレコードの設定を行ってください。

ブラウザーの新しいタブを表示し、ドメインプロバイダーの管理画面にアクセスする

ここでは「お名前.com」で作業する

1 ［ネームサーバー］をクリック

2 ［ドメインのDNSレコード設定］をクリック

3 設定するドメインを選択

4 ［次へ］をクリック

5 ［DNSレコード設定を利用する］の［設定する］をクリック

> ⚠️ **ここに注意**
>
> DNSは、インターネット上のサーバーの名前とIPアドレスの対応を管理するしくみです。このため、既存のレコードを削除したり、間違った設定をすると、サーバーへのアクセスに問題が発生し、Webページが表示されなくなったり、メールが届かなくなったりする恐れがあります。組織のWebサーバーを公開している場合、wwwなどの設定があるはずなので、変更しないように注意しましょう。また、メールの設定（MXレコード）がある場合、すでに別のメールサーバーでドメイン名を使ったメールが設定済みとなっています。本書の手順を実行すると、メールサーバーが切り替わってしまうので、事前に切り替えても問題ないことを確認してから設定しましょう。

●DNSレコードを追加する

183ページの最後の画面を参考に、Microsoft 365の画面で表示されたTXTレコードを登録する

6 TXTレコードを設定

値は環境によって変わるので、必ず表示された値を入力する

7 ［追加］をクリック

ネームサーバーと診断は標準設定のままで操作を進める

8 ［確認画面へ進む］をクリック

9 設定内容を確認

10 ［設定する］をクリック

設定画面はまだ利用するので、画面を閉じずに次の手順に進む

⚠ ここに注意

手順5操作6の画面にある［VALUE］欄に入力する値は、環境によって異なります。183ページで表示されたTXTレコードの値を間違えないように入力しましょう。

💡 使いこなしのヒント

分からない場合は現在の設定のまま

手順5操作8の画面にある［DNSレコード設定用ネームサーバー変更確認］の項目は、DNSレコードの登録先としてドメインプロバイダー（ここでは「お名前.com」）が提供するネームサーバーを使うかどうかの設定です。分からない場合は、現在の変更せずに設定を進めましょう。

6 TXTレコードを確認する

ドメインプロバイダーにTXTレコードを追加できたら、Microsoft 365の設定画面で、登録した値の確認作業を実行します。事前に表示されていた値と同じTXTレコードが返されれば設定は完了です。

⚠ ここに注意

DNSレコードは、設定を実行してから、その値が反映されるまでにしばらく時間がかかります。ドメインプロバイダーに登録後、10分程度待ってから確認作業を実行しましょう。手順6操作2の画面が表示されない場合は、もう少し待ってから、もう一度、確認作業を実行しましょう。

183ページの手順4の画面に戻る

1 [確認]をクリック

⚠ ここに注意

間違ってページを閉じてしまったときは、カスタムドメインの設定をやり直します。もし表示されたTXTレコードが同じだった場合は、ドメインプロバイダーの設定は不要です。確認作業を実行しましょう。

TXTレコードの確認に成功していれば、次の画面に移行する

2 [自分のDNSレコードを追加する]が選択されていることを確認

3 [続行]をクリック

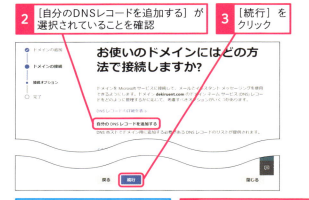

👍 スキルアップ
別の方法でも追加できる

ここではドメインプロバイダーのDNSサーバーにMicrosoft 365用のDNSレコードを登録する方法を紹介します。このほか、手順6操作2の画面で[その他のオプション]をクリックした後、[自分の代わりにオンラインサービスを設定する]を選択すると、マイクロソフトが管理するDNSサーバーを利用することもできます。この方法は、DNSレコード設定の手間が減りますが、Microsoft 365以外の用途でドメインを使うことが難しくなります。すでに公開用Webサーバーなどがある場合は、本書の手順のように[自分のDNSレコードを追加する]で設定するのがおすすめです。

メール用のレコードが表示された

4 DNSに追加するレコードを確認

画面下の[確認]はまだクリックしない

別の設定をしてから、[確認]をクリックするので、この画面のまま次の手順に進む

[自分の代わりにオンラインサービスを設定する]の場合、ドメインをMicrosoft 365以外の用途に使うのが難しくなる

7 プロバイダー画面でExchange用レコードを追加する

手順6で表示されたExchange用のレコードを、ドメインプロバイダーの設定画面に登録しましょう。Microsoft 365で提供されるExchangeサーバーを使ってメールをやり取りできるようになります。

185ページで表示したままのドメイン管理画面のタブを表示する

前ページの最後の画面を参考に、Microsoft 365の画面で表示されたMXレコードを登録する

1 MXレコードを設定

2 [追加] をクリック

MXレコードが登録された

操作1～2と同じく、前ページの最後の画面を参考に、Microsoft 365の画面で表示されたCNAMEレコードとTXTレコードを登録する

この後、さらにレコードを追加するので、画面をそのままに次の手順に進む

用語解説
MXレコード

MXレコードは、メールの送受信のために利用するDNSレコードです。ドメイン名を登録することで、「○△□@dekiruent.net」などのメールアドレスでメールをやり取りできるようになります。MXレコードは複数登録でき、優先順位を設定できます。Microsoft 365では1つのみで、優先順位も「0」に設定します。

用語解説
CNAMEレコード

CNAMEは別名を定義するためのレコードです。Microsoft 365のメールサーバーには元々名前が設定されていますが、そのメールサーバーを組織のドメイン名でも利用できるようにするために別名を割り当てます。

ここに注意

ドメインプロバイダーに、すでにMXレコードが登録されている場合は注意が必要です。この設定を行うとメールサーバーが切り替わり、既存のメールサーバーでメールが受け取れなくなります。メールサーバーをMicrosoft 365に移行する場合は、設定のタイミングを計画し、ユーザーへの通知も必要です。

8 デバイス管理用のレコードを確認する

Microsoft 365のデバイス管理機能（Microsoft Intune）で利用するためのレコードを確認します。パソコンやスマートフォンなどのデバイスをMicrosoft 365に登録するときなどに利用します。

① 186ページの手順6の画面に戻る
② 続けて、デバイス管理用のレコードを追加する

1 ［詳細オプション］をクリック
2 ［IntuneとMicrosoft 365のモバイルデバイス管理］をクリック

- DNSに追加するレコードが表示された
- まだ［確認］はクリックしない
- 別の設定をしてから、［確認］をクリックするので、この画面のまま次の手順に進む

⏱ 時短ワザ
デバイス管理設定もまとめて行う

デバイス管理用のレコードは、第8章で紹介するデバイス管理機能を使うための設定です。必須の設定ではなく、［詳細オプション］になっていますが、後から設定する手間を省けるのでこの機会に設定しておくことをおすすめします。

💡 使いこなしのヒント
Skypeを使う場合は

Skype for Businessを利用する場合は、［詳細オプション］の項目で［Skype for Business］もチェックを付け、そのためのレコードも設定しておきましょう。Skype for Businessの設定は後から追加することもできます。

9 すべてのレコードを確認して設定を適用する

ドメインプロバイダーの設定画面に戻り、デバイス管理用のレコードを追加しましょう。Exchange用と合わせて5つのレコードを登録したら、設定を保存し、DNSサーバーにレコードを反映します。

- 187ページで表示したままのドメイン管理画面のタブを表示する
- 手順8の画面を参考に1つめのCNAMEレコードを登録する

1 CNAMEレコードを設定
2 ［追加］をクリック

👍 スキルアップ
ドキュメントを確認しよう

Microsoft 365には、管理センターの設定や日々の管理方法などを解説した豊富なドキュメントが用意されています。以下のアドレスから参照できるので、知りたいことや分からないことはドキュメントを参照してみましょう。

▼Microsoft 365管理センターのヘルプ
https://learn.microsoft.com/ja-jp/microsoft-365/admin/

●2つめのCNAMEレコードを追加する

CNAMEレコードが登録された

操作1～2を参考に、前ページの手順8の画面で表示された2つめのCNAMEレコードを登録する

Exchange用とデバイス管理用で、5つのレコードが登録できた

登録したレコードは設定を適用して反映しておく

3 ［確認画面へ進む］をクリック

4 ［設定する］をクリック

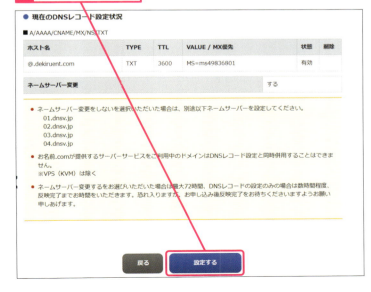

使いこなしのヒント
Microsoft Intune って何？

Microsoft Intune（インチューン）とは、Microsoft 365で提供されているデバイス管理機能です。Microsoft 365に接続されているデバイスの情報（OSのバージョンなど）を確認したり、デバイスに設定を適用したり、リモートからデータを削除したりできます。組織のデバイスをクラウド上で集中管理できる機能となります。

ここに注意

本書で紹介しているドメインプロバイダー（ここでは「お名前.com」）では、DNSのレコードを設定する前に、確認操作が必要な仕様になっています。手順で紹介しているように、確認→設定という2段階で設定する必要があります。途中でページを閉じると、DNSサーバーに設定が反映されないため、確実に操作しましょう。

10 カスタムドメイン設定を完了する

ドメインプロバイダーに設定したレコードをMicrosoft 365の画面で確認します。無事に確認できれば設定は完了です。

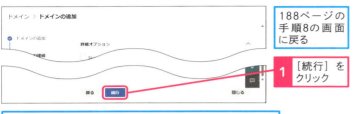

188ページの手順8の画面に戻る

1 [続行]をクリック

すべてのレコードの確認に成功すると完了画面が表示される

2 [完了]をクリック

すべてのタブを閉じてもよい

使いこなしのヒント
DNSレコード反映前だとエラーになる

登録したレコードがDNSサーバーに反映されるまでには時間がかかります。反映前に確認操作を実行すると、以下の画面のようにエラーが表示されます。しばらく時間をおいてから、もう一度、確認操作をしましょう。

レコードが反映さるまでは、エラーが表示される

11 登録済みユーザーのドメインを一括で変更する

Microsoft 365に登録されているユーザーがいる場合は、アカウントの「@」以降のドメイン名を一括で変更できます。

手順1を参考に[Microsoft 365管理センター]画面を表示しておく

1 [ユーザー]-[アクティブなユーザー]の順にクリック

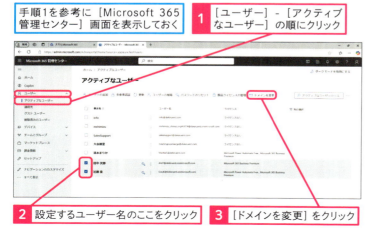

2 設定するユーザー名のここをクリック

3 [ドメインを変更]をクリック

スキルアップ
後で設定するには

ドメインの設定を後から変更したり、追加の設定をしたりしたいときは、管理センターの[設定]の[ドメイン]で、設定済みのドメインを選択し、[DNSレコード]タブの[DNSの管理]から、もう一度ウィザードを実行します。

● ドメインを選択する

[ドメインを変更] 画面が表示された　　　**4** 追加したドメインを選択

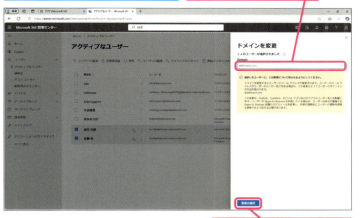

5 [変更の保存] をクリック

選択したユーザーのドメインが一括で変更された　　　**6** [閉じる] をクリック

7 [ユーザー名] のドメイン名を確認

使いこなしのヒント

管理者や新規ユーザーは自動的に適用される

ドメイン名の変更が必要なのは、カスタムドメイン設定前に登録されていたユーザーのみです。カスタムドメイン設定を実行した管理者アカウントは、自動的にドメイン名が変更されます。また、カスタムドメイン設定後に新たに追加したユーザーには、自動的に設定したドメイン名が適用されます。

使いこなしのヒント

サインインのアカウントを変える

カスタムドメインを設定すると、Microsoft 365にサインインするときのユーザー名を変更する必要があります。例えば、契約時のユーザー名が「MarikaS@dekiruent.onmicrosoft.com」で、その後「dekiruent.com」というカスタムドメインを設定した場合は、「MarikaS@dekiruent.com」でサインインする必要があります。

まとめ　複雑だが確実に設定しておこう

カスタムドメイン設定は、Microsoft 365をはじめて利用するユーザーにとって、最も戸惑う設定といえます。ただし、よく見ると、Microsoft 365で表示された情報をドメインプロバイダーの設定画面に転載していくだけの作業となります。Microsoft 365とドメインプロバイダーの2つの画面を使い分けながら慎重に設定すれば難しくありません。ゆっくり確認しながら作業しましょう。

レッスン 54 Microsoft 365にユーザーを追加するには

ユーザーの追加

Microsoft 365にユーザーを追加しましょう。組織のメンバーを登録すれば、ほかのユーザーもMicrosoft 365を利用できるようになります。ライセンスも忘れずに割り当てておきましょう。

キーワード

Microsoft 365管理センター	P.235
グローバル管理者	P.236
ドメイン	P.237

1 ユーザーの追加を開始する

レッスン53を参考に、[Microsoft 365管理センター]画面を表示しておく

1 [ユーザー]をクリック

2 [アクティブなユーザー]をクリック

[アクティブなユーザー]画面が表示された

3 [ユーザーの追加]をクリック

使いこなしのヒント
先にドメインを設定しておこう

ユーザーを追加する前に、レッスン53を参考にカスタムドメインを設定しておくことをおすすめします。先にカスタムドメインを設定しておけば、新しく追加したユーザーのメールアドレスの「@」以降は、自動的に組織のドメイン名が設定されます。

時短ワザ
複数ユーザーをまとめて追加するには

手順1操作3の画面で[複数のユーザーの追加]をクリックすると、複数のユーザーをまとめて追加できます。初期設定時や大規模な人事異動の際などに便利です。

2 ユーザー情報を設定する

［ユーザーを追加］画面が表示された　　1　名前とユーザー名を入力

2　［次へ］をクリック

［製品ライセンスの割り当て］画面が表示された　　3　［場所の選択］が［日本］になっていることを確認

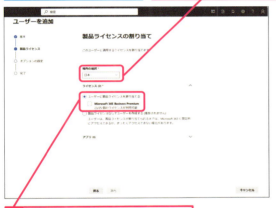

4　組織で利用可能なライセンスを確認

ここではMicrosoft 365のライセンスを割り当てる　　5　[Microsoft 365 Business Premium]をクリック

6　［次へ］をクリック

使いこなしのヒント
ユーザー名はどうやって決めればいいの?

ユーザー名は、利用者の姓名を組み合わせて設定するのが一般的です。本書では、小規模な環境を想定して「MarikaS」のように名に、名前と、姓の頭文字を設定しています。人数が多い場合は、ユーザー名が重複する可能性もあるので、利用する文字数を増やすといいでしょう。なお、分かりやすくするために大文字と小文字を組み合わせていますが、実際には大文字と小文字は区別されません。

使いこなしのヒント
パスワードは自動生成される

パスワードは、標準では自動生成され、ユーザーが最初にサインインするときにユーザー自身の手によって新しいパスワードに変更します。

使いこなしのヒント
事前にライセンスを購入しておこう

ユーザーに割り当てるライセンスは、事前に購入しておく必要があります。管理センターの［課金情報］の［サービスを購入する］から購入しておきましょう。試用版を利用している場合は、試用期間中のみ25ライセンスまで利用できます。

3 管理権限を設定する

追加したユーザーに管理権限を設定したいときは、[オプションの設定]画面で[役割]を設定します。なお、一般ユーザーの場合は、この操作は不要です。[次へ]をクリックしてから、追加を完了しておきましょう。

使いこなしのヒント
役職や部署なども登録できる

手順3操作1の画面で[プロファイル情報]を選択すると、役職や部署などの情報も登録できます。組織で利用する場合、プロファイル情報を入力しておくとユーザーを管理しやすくなりますが、多くの情報を入力するのは手間がかかるため、無理に入力する必要はありません。

[オプションの設定]画面が表示された

ユーザーに特定の管理権限を与えるときに操作する

1 [役割(ユーザー:管理アクセス許可なし)]をクリック

管理権限の一覧が表示された

標準では[ユーザー(管理センターに対するアクセス許可なし)]が選択されている

管理権限は重要な設定が可能になるため、一部のユーザーにのみ与える

使いこなしのヒント
管理者は何人必要?

管理者アカウントは、できれば2人分用意しておくと安心です。1人が不在のときでも別の人が管理業務を実行できたり、片方が管理者アカウントのパスワードを忘れても別のアカウントで管理したりできます。ただし、増やしすぎると、意図せぬ設定変更が実施されたり、管理アカウントの情報が外部に漏洩してセキュリティリスクになったりする可能性があります。いくつ作るか、誰が利用するかを慎重に検討しましょう。

● グローバル管理者に設定する

ここでは設定中のユーザーにグローバル管理者の権限を設定する

2 [管理センターに対するアクセス許可]をクリック
3 [グローバル管理者]を選択
4 [次へ]をクリック

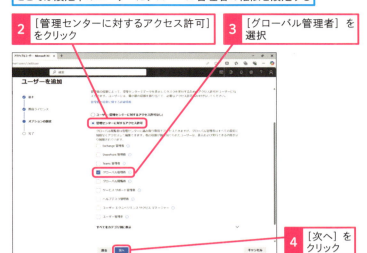

間違っている項目があれば、各項目の[編集]をクリックして修正する

5 [追加の完了]をクリック

ユーザーが追加された

6 [閉じる]をクリック

用語解説

グローバル管理者

グローバル管理者は、Microsoft 365のすべての設定を変更できる特権的な役割です。非常に重要なアカウントなので、限られたユーザーのみが使えるように制限する必要があります。不正に使用されるとMicrosoft 365そのものが乗っ取られてしまう危険もあるので、取り扱いに注意しましょう。

スキルアップ

理想はユーザーアカウントと別に設定する

本書では、ユーザーが普段利用するアカウントに対して、管理権限を設定しています。このような方法の場合、ユーザーが普段使用しているパソコンが不正使用された場合などに、Microsoft 365の管理権限まで乗っ取られてしまう危険があります。理想は、普段、ユーザーが業務に使うアカウントと管理者アカウントを分け、管理するときだけ管理者アカウントでサインインすることです。

まとめ

ユーザー登録とライセンス割り当てが必要

Microsoft 365を利用するには、利用者それぞれにユーザーアカウントが必要です。組織を構成する人数分、ユーザーを登録しておきましょう。また、ユーザーにはMicrosoft 365のライセンスも割り当てる必要があります。人数分のライセンスを用意し、各ユーザーに忘れずに割り当てておきましょう。

レッスン 55 Microsoft 365にグループを追加するには

グループの追加

Microsoft 365にグループを追加しましょう。グループは、複数のユーザーが所属する管理単位です。多くの組織では、部署やプロジェクトチームごとに作成するのが一般的です。

キーワード
Microsoft 365管理センター	P.235
SharePoint	P.236
Teams	P.236

1 グループを作成する

レッスン53を参考に、[Microsoft 365管理センター] 画面を表示しておく

1. [チームとグループ] - [アクティブなチームとグループ] の順にクリック
2. [Microsoft 365グループを追加する] をクリック

[基本設定] 画面が表示された

ここでは「総務部」のグループを作成する

3. チームの名前を入力
4. チームの説明を入力

5. [次へ] をクリック

時短ワザ
SharePointのサイトやTeamsのチームも一緒に作れる

Microsoft 365グループを作成すると、一緒にグループのメールアドレスやSharePointのサイト、Teamsのチームも作成することができます。グループでの作業に必要な機能をまとめて構成できます。

使いこなしのヒント
Teamsのチームのみ作成するには

Microsoft 365グループでは、Teamsのチームを作成するかどうかを選択できます。もしも、Teamsのチームのみを作成するのであれば、最初から [チームを追加する] で作成することもできます。

スキルアップ
配布リストやセキュリティグループの使い方

[配布リスト] はグループで利用するメールアドレスのみを作成する機能です。メンバー全員に通知できるグループのメールアドレスを作成できます。[セキュリティグループ] は、アクセス許可などのセキュリティ設定を複数のユーザーに適用するためのグループです。メール機能などはなく、管理にのみ利用します。

2 グループの所有者を追加する

[所有者の割り当て]画面が表示された

1 [所有者の割り当て]をクリック

ユーザーの一覧が表示された

2 所有者に設定するユーザーをクリック

3 [Add]をクリック

所有者が割り当てられた

4 [次へ]をクリック

使いこなしのヒント
所有者って何?

グループの所有者は、グループの管理権限を持ったユーザーです。例えば、メンバーを追加したり、削除したり、共有受信トレイから会話を削除したり、グループ設定を変更したりできます。

使いこなしのヒント
名前を入力して検索できる

手順2操作2の画面でたくさんのユーザーが候補として表示されるときは、名前を指定してユーザーを絞り込めます。

使いこなしのヒント
ユーザーは複数選択しておくといい

ここでは1人のみ所有者を設定しましたが、選択したユーザーが不在の場合などを考慮して、2人以上のユーザーを所有者に設定しておくことをおすすめします。ただし、あまり多くすると意図しない設定などが行われる可能性があるので慎重に設定します。

次のページに続く→

できる 197

3 メンバーを追加する

[メンバーの追加] 画面が表示された　　続けてグループにメンバーを追加する

1 [メンバーの追加] をクリック

ユーザーの一覧が表示された

2 グループに追加するユーザーをクリック

3 [Add] をクリック

メンバーが割り当てられた

4 [次へ] をクリック

使いこなしのヒント
複数のユーザーを選択できる

手順3では、グループのメンバーとして複数のメンバーを選択できます。ほかのユーザーにもチェックを付けて設定を進めましょう。

使いこなしのヒント
グループ作成後にメンバーを追加するには

メンバーはグループ作成後も追加できます。[アクティブなチームとグループ] の一覧で、設定を変更したいグループを選択し、[メンバーシップ] で所有者やメンバーを設定しましょう。

4 メールアドレスを設定する

1 グループのメールアドレスを設定

ここでは、許可されたユーザーのみがグループに参加できるよう設定する

2 [プライベート] を選択　**3** [次へ] をクリック

[確認とグループの追加の完了] 画面が表示された

4 設定内容を確認

5 [グループを作成] をクリック

グループが作成された

6 [閉じる] をクリック

使いこなしのヒント
Teamsのチームの作成を選択できる

手順4操作1の画面で [グループへのMicrosoft Teamsの追加] にチェックが付いている場合（標準はオン）、Teamsのチームが自動的に作成されます。もしも、Microsoft Teamsのチームが不要な場合はこのチェックを外して操作を進めます。

使いこなしのヒント
確認画面から設定を変更するには

手順4操作4の画面で設定の間違いを発見したときは、その項目に表示されている [編集] をクリックすると設定を修正できます。

まとめ
グループの構成を検討しよう

グループの構成は、組織体系に合わせるのが一般的です。ただし、用途によっては [経営陣] グループや [新規事業プロジェクト] など、組織を横断したメンバーを集めたグループも作成できます。どのようなグループを作成するかはMicrosoft 365の用途次第です。事前に、どのように使うかを検討して、グループの構成を検討しておくといいでしょう。

レッスン 56 会議室を追加するには

リソース

組織の会議室をMicrosoft 365に登録しましょう。会議室を登録すると、会議室に集まってビデオ会議をしたいときなどに、会議室のスケジュールを確認して、予約することが可能になります。

キーワード

Microsoft 365管理センター	P.235
リソース	P.237

1 会議室と備品の追加を開始する

レッスン53を参考に、[Microsoft 365管理センター]画面を表示しておく

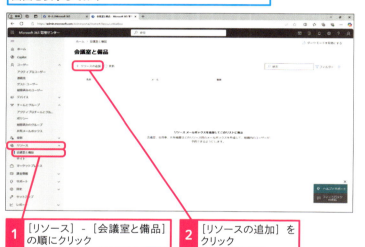

1 [リソース]-[会議室と備品]の順にクリック

2 [リソースの追加]をクリック

[リソースの追加]画面が表示された

使いこなしのヒント
リソースって何?

リソースは、Microsoft 365で管理する組織の資産を指します。会議室だけでなく、社用車などもリソースとして管理することができます。

ここに注意

手順1操作1の画面で、管理センターの左側の一覧に[リソース]が見当たらないときは、項目が非表示になっている可能性があります。[すべてを表示]をクリックすると、[リソース]が表示されます。

使いこなしのヒント
リソースは2種類ある

リソースには2つの種類があります。[会議室]は会議室、講堂、応接室、トレーニングルームなど、物理的な場所を登録するときに選択します。[備品]はパソコンやプロジェクター、社用車など動的な資産を登録するときに利用します。

2 リソースの情報を設定する

使いこなしのヒント
リソースを削除するには

登録したリソースを削除したいときは、リソースをクリックしてリソースの情報を表示後、名前の下に表示されている［リソースメールボックスの削除］（🗑）をクリックします。

手順2の最後の画面でリソースをクリックすると、情報の編集画面が表示される

使いこなしのヒント
メールアドレスで予約を受け付けられる

リソースを登録すると、リソース用のメールアドレスが自動的に作成されます。リソースを予約するときは、このメールアドレスから予約完了の案内などが送信されます。

まとめ
共有すべき組織の資産を登録しよう

リソースには、組織が所有する資産のうち、メンバーで共有する可能性があるものを登録します。会議室や社用車などの空き状況や利用者を管理したい場合に登録しましょう。従来の予約ノートやExcelの予約台帳などの代わりとして機能します。

レッスン 57 セルフパスワードリセットを設定するには

パスワードリセット

ユーザーが自身の操作によってパスワードをリセットできるようにしておきましょう。ユーザーがパスワードを忘れたときでも、管理者がいちいち再設定する手間を省けます。

キーワード
Microsoft 365管理センター　P.235

使いこなしのヒント
管理者がパスワードリセットするには

セルフパスワードリセットを設定しても、管理者がユーザーのパスワードをリセットすることはできます。ユーザーの設定画面を表示し、名前の下に表示されている［パスワードのリセット］をクリックしましょう。

1 ［パスワードリセット］画面を表示する

レッスン53を参考に、［Microsoft 365管理センター］画面を表示しておく

1　［セットアップ］をクリック
2　［ユーザー自身がパスワードをリセットできるようにする］をクリック

設定についての説明画面が表示された

3　設定内容を確認
4　［始める］をクリック

レッスン54を参考に［アクティブなユーザー］画面を表示した後、ユーザーをクリックする

ユーザーの設定画面で［パスワードのリセット］をクリックする

用語解説
Microsoft Entra

Microsoft Entraとは、Microsoft 365で提供されているID管理基盤です。従来はMicrosoft Azure ADと呼ばれていました。ユーザーやグループを登録し、サービスへのアクセス認証や、利用できるサービスの制御ができます。

2 設定を有効化する

[Microsoft Entra管理センター]の[パスワードリセット]画面が自動的に表示された

標準では[パスワードリセットのセルフサービスが有効]は[なし]に設定されている

① [すべて]をクリック

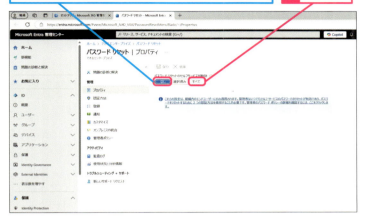

② [保存]をクリック

組織のすべてのユーザーが自分でパスワードをリセットできるようになった

使いこなしのヒント

ユーザーがパスワードをリセットするには

ユーザーがパスワードをリセットしたいときはサインイン画面に表示されている[パスワードを忘れた場合]をクリックするか、以下のWebページにアクセスします。画面の指示に従って、ユーザー名を指定したり、本人確認を実施したりすると新しいパスワードに変更できます。

① 以下のWebページにアクセス

▼アカウントを回復する
https://passwordreset.microsoftonline.com

ユーザー名を指定した後リセット手続きをする

まとめ　管理の手間を減らそう

パスワードのリセットは、管理者の手を煩わせる頻度の高い管理業務の1つです。何度も依頼されると時間も労力も奪われるので、セルフパスワードリセットを有効にして、ユーザー自身で再設定できるようにしましょう。再設定したパスワードをメールなどでユーザーに通知する必要もないので、安全性も確保できます。

レッスン 58 利用状況を確認するには

稼働状況の確認

現在の状態を把握することは管理の基本です。Microsoft 365の管理センターから各種利用状況を確認しておきましょう。ライセンスや支払い状況、ユーザーの利用状況、サービスの稼働状況などを確認できます。

契約中の製品や請求を確認する

現在、どのプランのMicrosoft 365を何ライセンス契約しているのか？　月々の支払いがいくらなのか？　を確認してみましょう。いずれも管理センターの［課金情報］から確認できます。

● ［課金情報］-［お使いの製品］画面

契約中のMicrosoft 365のライセンスの種類や数を確認できる

● ［課金情報］-［請求と支払い］画面

請求日や金額、支払い状況などを確認できる

請求書をダウンロードできる

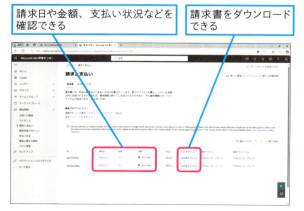

キーワード
Microsoft 365管理センター　P.235

使いこなしのヒント
ライセンスを追加するには

Microsoft 365のライセンスを追加購入したい場合は、［サービスを購入する］から目的のライセンスを選択します。製品によっては試用版が提供されている場合もあるので、気になるサービスを試すこともできます。

使いこなしのヒント
支払い方法を変更するには

支払いは基本的にクレジットカードを利用します。もしも、別のクレジットカードに変更したい場合は、［課金情報］の［支払い方法］画面から、新しいクレジットカードを登録し、既存のサブスクリプションを移行しましょう。

スキルアップ
試用版の期限を延長するには

試用版によっては、試用期間を一定期間延長できる場合があります。ライセンスを選択後、［請求設定］の［試用版の期限を延長する］をクリックすると期限を延長できます。

Microsoft 365の利用状況を確認する

ユーザーがどれくらいMicrosoft 365を利用しているかは、［レポート］の［利用状況］で確認できます。全体の利用状況に加えて、TeamsやOneDriveなど、サービスごとの詳細な利用状況も確認できます。

●［レポート］-［利用状況］画面

ユーザーのアクセス状況や保存されたファイルの数、各アプリの使用状況が表示される

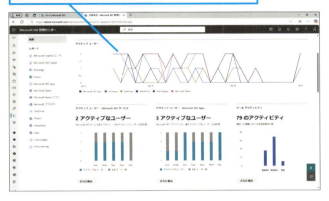

Microsoft 365のサービス稼働状況を確認する

Microsoft 365にアクセスできないときなどは、サービスの正常性を確認しましょう。各サービスの稼働状況や、発生している具体的な問題も確認できます。

●［正常性］-［サービス正常性］画面

各サービスで発生している具体的な問題を確認できる

Microsoft 365のサービスの稼働状況が表示される

使いこなしのヒント
レポートの期間を変更できる

［利用状況］のレポートは、画面右上の期間をクリックすると、過去7日間、30日間、90日間、180日間の表示が選択できます。標準では過去30日間が選択されていますが、長い視点で分析したい場合は180日間などに表示を切り替えましょう。

使いこなしのヒント
サポートを受けるには

Microsoft 365の管理で質問があるときは、サポートを依頼することができます。［サポート］の［ヘルプとポート］で、困っていることを入力し、よくある質問を検索できます。よくある質問で解決しなかった場合は、下部に表示された［サポートへの問い合わせ］から問い合わせが可能です。

まとめ　管理センターを確認しよう

Microsoft 365の管理に必要な情報は管理センターに集約されています。定期的に契約やライセンス数チェックしてコストを見直したり、利用状況に応じて組織全体にMicrosoft 365の使い方をアナウンスしたりするといいでしょう。何か困ったときも、管理センターが役立ちます。稼働状況確認やサポートの利用などにも活用しましょう。

58 稼働状況の確認

できる 205

この章のまとめ

慣れれば管理作業は簡単

この章では、Microsoft 365の管理作業について解説しました。難しそうに感じるかもしれませんが、カスタムドメインの設定は初回のみ、ユーザーやグループの追加も人事異動などが発生したタイミングで操作するだけです。毎日の管理が必要なわけではないため、日常業務の負担にはなりません。何から始めればいいか戸惑うかもしれませんが、次第に慣れてくるはずです。まずは管理画面にアクセスし、どこにどのような設定があるのかの確認から始めましょう。

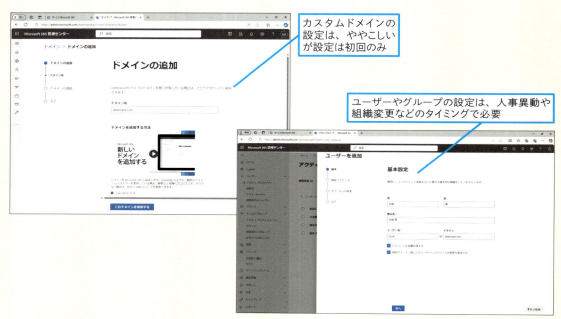

カスタムドメインの設定は、ややこしいが設定は初回のみ

ユーザーやグループの設定は、人事異動や組織変更などのタイミングで必要

人事異動などのタイミングに合わせて管理すればいいなら、それほど負担は大きくなさそうです。

私も管理者に設定してもらえれば、お手伝いできそうです。

ややこしいのは、初回のカスタムドメインの設定くらいだよ。管理センターは、画面がシンプルでヘルプも充実しているから、画面の指示に従って操作すればはじめてでも管理できるはずだよ。

活用編

第8章

高度な管理機能を
活用しよう

Microsoft 365には、デバイスや情報を管理するための高度な
管理機能が搭載されています。こうした機能を活用することで日々
の管理業務を楽にしたり、組織の情報セキュリティを強化したり
できます。

59	高度な管理機能について	208
60	デバイスを管理するには	210
61	Windowsの更新を管理するには	216
62	アプリを自動的にインストールするには	220
63	組織の情報を保護するには	224
64	Office文書に秘密度ラベルを設定するには	230
65	Copilotを利用するには	232

レッスン 59

Introduction この章で学ぶこと

高度な管理機能について

Microsoft 365の高度な管理機能を活用しましょう。組織のデバイスを管理することでWindowsの更新を制御したり、アプリを自動配布したりできます。また、コンプライアンス機能で重要な情報を保護できます。

Windowsの更新タイミングを組織に合わせて調整する

Windows Updateが重要だというのは分かるのですが、全員が一斉に更新すると、遅くなるので困っています。

新機能が全員に必要なわけでもないし、部署によってタイミングをずらせるといいのですが……。

それなら、Intune（インチューン）を使ってデバイスを管理するのがおすすめだよ。

難しそうですね。何か追加で購入したり、インストールしたりする必要がありますか？

いや、Microsoft 365で提供されている機能なんだ。Windowsを組織のデバイスとして登録するだけで管理できるよ。

そうなんですか。それは知りませんでした。何ができるんですか？

デバイスの設定を一元管理できるんだ。Windows Updateの設定ももちろんできる。例えば、IT担当者のグループだけで先に更新を適用してテストし、後からほかの人が適用するといったように更新のタイミングを調整できる。ほかにもいろいろな制御ができるんだ。

アプリの自動配布でインストールの手間を省く

デバイス管理で、アプリの配布はできますか？ インストールして回るのも大変だし、説明しても「できない」という人もいて困っています。

Intune によって Office アプリなどを自動的に配布できる

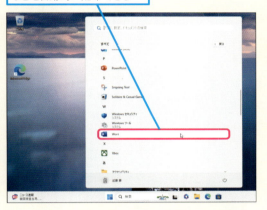

それも、Intune の得意とする管理の1つだよ。例えば、Office アプリを自動的にインストールできる。配布したいデバイスを選択すれば、ネットワーク経由で自動的にインストールされるから、誰も作業しなくて済む。

そんな便利な機能があったんですか？ 早速設定してみたいです。どうやればいいんですか？

組織のメンバー以外がファイルを開けないように機密情報を保護する

どうやら、社外秘のファイルを外部に送ってしまった人がいるようなんです。困ったなあ。

今回は大事にならずに済みましたが、今後、こういった事故をなくす工夫をしたいです。

それなら、Purview（パービュー）を使ってみるといいよ。Office アプリで作成した機密情報に「社外秘」などのラベルを付けて管理できるんだ。ラベルを付けたファイルは、サインインしないと開けないから、間違って送っても中身が見られるのを防げるよ。

59 この章で学ぶこと

レッスン 60 デバイスを管理するには

Intuneでのデバイス管理

Microsoft 365でデバイスを管理できるようにしましょう。Microsoft 365には管理機能のIntune（インチューン）が含まれるので、組織が所有するデバイスをIntuneに参加させるだけで、管理可能になります。

1 デバイスをIntuneに登録する

デバイスをIntuneに登録するには、Windows 11 Proに［職場または学校のアカウント］を追加します。第1章で解説したブラウザーからのサインインではなく、必ずWindowsなどのデバイスに組織のアカウントを設定します。

デバイス管理にはWindows 11 Proが必要となる

［スタート］-［設定］-［アカウント］の順にクリックして
［アカウント］画面を表示しておく

1 ［職場または学校へのアクセス］をクリック

［職場または学校にアクセスする］
画面が表示された

2 ［接続］を
クリック

キーワード

Intune	P.235
MFA	P.235
Windows 11 Pro	P.236
デバイス管理	P.237

⚠ ここに注意

Intuneのデバイス管理の対象は、Windows 11 Proとなり、Windows 11 Homeは対象外です。

💡 使いこなしのヒント

このレッスンの前提について

ここでは、今までActive Directoryなどで管理されていなかった小規模な組織を想定しています。具体的には、パソコンは組織の資産であるものの、社員が個別に取得した個人用のMicrosoftアカウントでサインインして業務に利用している状況です。組織のアカウントに移行し、Intuneでデバイスを一元管理できるようにします。

👍 スキルアップ

Windowsの初期設定で構成するには

新品のパソコンの場合、Windowsの初期設定の画面でデバイスを組織に参加させることができます。［このデバイスをどのように設定しますか？］画面で、以下のように操作しましょう。

1 ［職場または学校用に設定する］
をクリック

活用編 第8章 高度な管理機能を活用しよう

210 できる

●デバイスをEntra IDに参加させる

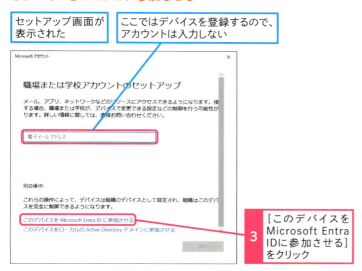

セットアップ画面が表示された

ここではデバイスを登録するので、アカウントは入力しない

3 ［このデバイスをMicrosoft Entra IDに参加させる］をクリック

2 組織のアカウントでサインインする

サインイン画面が表示された

パソコンを利用する人の組織のアカウントを入力する

1 アカウントを入力

2 ［次へ］をクリック

パスワードの入力画面が表示された

3 パスワードを入力

4 ［サインイン］をクリック

⚠ ここに注意

手順1操作3の画面では、組織のアカウントを入力するのではなく、その下に表示されている［このデバイスをMicrosoft Entra IDに参加させる］をクリックします。上の［電子メールアドレス］欄に組織のアカウントを入力するだけでは、Intuneの管理下にデバイスが登録されないので注意しましょう。

💡 使いこなしのヒント
組織が所有するデバイスで設定する

本章で紹介する管理機能の対象とすべきなのは、基本的に組織が資産として所有しているデバイスです。個人が購入し、持ち込んだデバイスを設定すると、個人の意思に反してデバイスの管理や設定がなされてしまいます。個人が所有するデバイスは、これまでの章のようにブラウザーやアプリのみでMicrosoft 365にサインインして使いましょう。

💡 使いこなしのヒント
認証が要求されたときは

手順2のサインイン時に、多要素認証（MFA）が要求された場合は、以下のように表示された数字をスマートフォンの認証アプリに入力して承認しましょう。

表示された数字をスマートフォンの認証アプリに入力する

第60章 Intuneでのデバイス管理

次のページに続く→

できる 211

● アカウントを確認する

組織のアカウントの確認画面が表示された

5 接続先やユーザー名を確認　　6 ［参加する］をクリック

完了画面が表示された

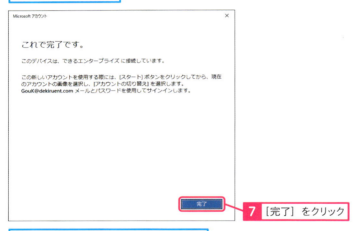

7 ［完了］をクリック

［職場または学校にアクセスする］画面で
接続済みの組織が表示される

使いこなしのヒント
デバイスが管理対象となる

手順2操作5の設定が完了すると、デバイスがIntuneに登録され、この後のレッスンで登録するポリシーが自動的に適用されます。対象デバイスは組織の資産なのか、本当に登録していいかを確認してから設定してください。

使いこなしのヒント
組織のデバイスから削除するには

間違ってデバイスを登録してしまったときは、手順2最後の画面で［○○（アカウント名）によって接続済み］をクリックし、展開されたメニューから［切断］を選択します。なお、デバイスに登録したアカウントが組織用アカウントのみだった場合は、切断後にパソコンにサインインできるよう、あらかじめローカルの管理者として別のMicrosoftアカウントを追加しておく必要があります。

左の最後の画面で［○○（アカウント名）によって接続済み］をクリックする

1 ［切断］をクリック

3 パソコンに組織のアカウントでサインインする

Intuneに登録したデバイスで組織のアカウントを使ってサインインしましょう。ブラウザーなど特定のアプリだけではなく、Windows全体で組織のリソースを利用できます。

> 使いこなしのヒント
> **サインイン画面を表示するには**
> サインイン画面は、Windowsの起動時、もしくは［スタート］の左下に表示されているアカウントをクリックし、［サインアウト］をクリックすると表示されます。

|Windowsのサインイン画面を表示しておく|個人のアカウントが表示されている|

1 ［他のユーザー］をクリック

サインイン画面が切り替わった

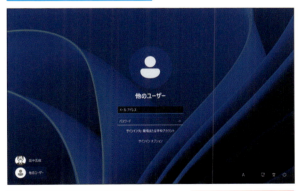

2 組織のアカウントを入力　　**3** パスワードを入力

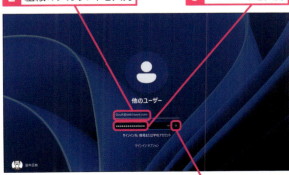

4 ［→］をクリック

> 使いこなしのヒント
> **既存アカウントでもサインインできる**
> 別のMicrosoftアカウントが登録されている場合は、組織に参加した後でも、そのアカウントでサインインできます。手順3操作1の画面でアカウントを選択してサインインしましょう。

> 使いこなしのヒント
> **データなどは個別に用意される**
> Windowsでは、ユーザーごとにデータ（プロファイル）が個別に保存されるため、別のアカウントでサインインすると以前のアカウントで使っていたファイルやお気に入りなどの情報にはアクセスできません。必要なデータがある場合は移行する必要があります。

4 組織のアカウントで初期設定をする

初期設定の画面が表示された　　1 [OK] をクリック

[PINのセットアップ] 画面が表示された　　PINは6桁以上で設定する

2 同じPINを2回入力

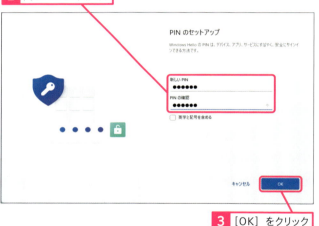

3 [OK] をクリック

4 [OK] をクリック　　組織のアカウントでパソコンを使えるようになる

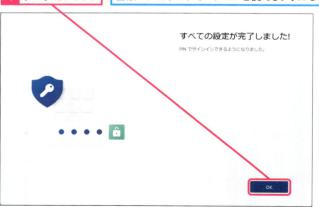

使いこなしのヒント
多要素認証（MFA）が表示されたときは

組織のアカウントでのサインインする際に多要素認証が要求されたときは、スマートフォンの認証アプリを使って、サインインを承認しておきましょう。

表示された数字をスマートフォンの認証アプリに入力する

使いこなしのヒント
ポリシーに従った設定が必要

組織のデバイスとして登録されると、組織に登録されているセキュリティポリシーに従った設定が要求されます。例えば、多要素認証が必須になったり、6桁以上のPINが要求されたりします。ポリシーに従っていないとエラーが表示されるので、メッセージに従って条件を満たす設定をしましょう。

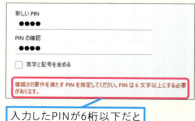

入力したPINが6桁以下だとエラーが表示される

5 登録されたデバイスを確認する

組織に参加したデバイスは、［Microsoft 365管理センター］の［デバイス］画面から確認できます。［アクティブなデバイス］でデバイスを確認したり、各デバイスを選択して端末をリセットしたりできます。

> レッスン53を参考に、［Microsoft 365管理センター］画面を表示しておく

1 ［デバイス］-［アクティブなデバイス］の順にクリック

組織に登録されたデバイスが一覧表示される

2 確認したいデバイスをクリック

画面右にデバイスの情報が表示された

リセットやデータ削除などのデバイス管理機能を利用できる

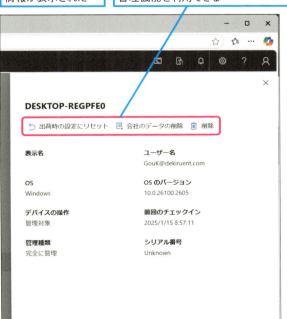

使いこなしのヒント

簡易的な管理が可能

手順5操作1の［デバイス］画面では、簡易的な管理が可能です。デバイスの一覧表示や、個々のデバイスの情報確認、リモート操作による出荷時設定のリセットができます。本格的な管理は、次のレッスンで紹介する［Microsoft Intune管理センター］を利用します。

高度な管理には［Microsoft Intune管理センター］を利用する

まとめ　デバイスを管理下に設定する

Microsoft 365でデバイスを管理するには、個々のデバイスをMicrosoft 365のIntuneの管理下に設定する必要があります。デバイスに組織のアカウントを追加しましょう。すでに個人用のMicrosoft 365アカウントでサインインしているデバイスは、組織のアカウントでサインインし直す必要があります。

レッスン 61 Windowsの更新を管理するには

更新リングの設定

Intuneを利用して、Windowsの更新を管理しましょう。Windows Updateの更新タイミングを調整したり、ユーザーにWindows Updateの設定変更を許可するかどうかを設定したりできます。

キーワード
Intune　　P.235

ここに注意
この設定をデバイスに適用するには、あらかじめデバイスがIntuneに登録されている必要があります。組織内の管理したいデバイスについて、レッスン60を参考に登録します。

1 更新設定の登録を開始する

Windows Updateの更新タイミングを調整してみましょう。ここでは、組織のすべてのデバイスに適用する設定を作成します。対象を変更すると、デバイスごとに更新タイミングをずらすこともできます。

レッスン53を参考に、[Microsoft 365 管理センター] 画面を表示しておく

① [Microsoft Intune] をクリック

[Microsoft Intune] の項目が表示されないときは、[すべて表示] をクリックする

新しいタブで [Microsoft Intune管理センター] が表示された

② [デバイス] をクリック

使いこなしのヒント
どう設定すればいいの？

例えば、情報システム部門だけ先行して更新を適用し、問題なく業務に利用できることを確認してから、ほかの部門で更新を適用するといった運用ができます。また、デバイスの台数が多い環境では、回線の混雑を防ぐ目的で、部署ごとに日付をずらすような適用が可能です。

2 Windowsの更新リングを作成する

[デバイス]画面が表示された

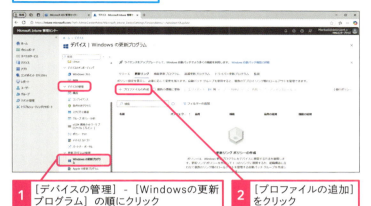

1 [デバイスの管理] - [Windowsの更新プログラム]の順にクリック

2 [プロファイルの追加]をクリック

更新のタイミングなどを構成する　**3** 名前を入力

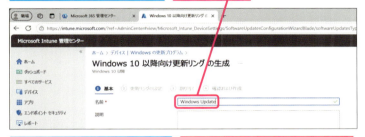

ここでは、機能更新プログラムを5日間延期するよう設定する

4 [機能更新プログラムの延期期限（日数）]に「5」と入力

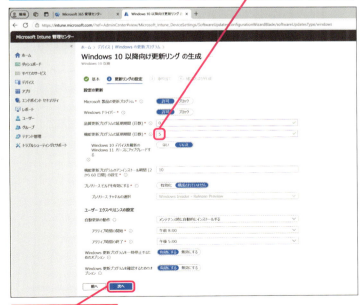

5 [次へ]をクリック

使いこなしのヒント
さまざまな制御ができる

ここでは年に1回配布される機能更新プログラム（24H2などの大型更新）の設定を変更しましたが、毎月配布される品質更新プログラム（セキュリティパッチ）を制御することもできます。また、更新を避けるタイミング（アクティブ時間）の変更などもできます。

使いこなしのヒント
更新状況も把握できる

手順2操作1の画面上部に表示されている[監視]タブをクリックすると、更新エラーが発生しているデバイスの数などが表示されます。更新が適切に適用されているかを確認するのに活用するといいでしょう。

3 管理対象を選択する

ここでは、すべてのデバイスに設定を適用する

1 ［すべてのデバイスを追加］をクリック

2 ［次へ］をクリック

3 設定を確認

4 ［作成］をクリック

［デバイス］画面の一覧に設定した更新リングが更新された

👍 スキルアップ
グループにも割り当てられる

ここでは手順3で［すべてのデバイスを追加］を選択したため、Intuneに登録されている全デバイスに、構成した更新の設定が適用されます。グループごとに更新タイミングを変更したい場合は、手順3操作1の画面で［グループを追加］をクリックし、適用したいグループを選択します。ただし、ここで利用するのは「セキュリティグループ」です。Teamsなどのグループではなく、セキュリティ設定用のグループが必要です。レッスン55を参考に［グループ］画面を表示し、あらかじめ管理対象を区別するためのセキュリティグループを作成しておきましょう。

👍 スキルアップ
設定も配布できる

Intuneではデバイスの設定も配布できます。手順3の最後の画面で［デバイスの管理］-［構成］の順にクリック後、テンプレートからさまざまな設定を選択して、デバイスの設定を制御するポリシーを作成します。例えば、以下のようにWi-Fiの接続設定を作成して配布することも可能です。

Wi-Fiの接続情報なども配布できる

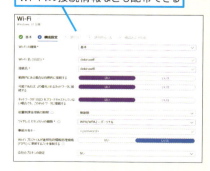

4 デバイスの設定を確認する

更新の設定が完了したら、実際にデバイスの設定を確認してみましょう。Intuneによって更新が制御されている場合、一部の設定がグレーアウトしてユーザーが変更できないようになっています。

Intuneに登録されたデバイスで、サインインしておく

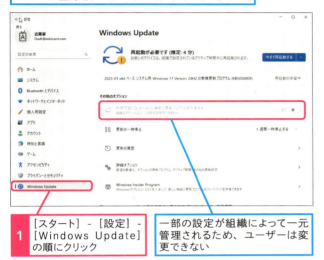

1 [スタート]－[設定]－[Windows Update]の順にクリック

一部の設定が組織によって一元管理されるため、ユーザーは変更できない

5 ポリシーを手動で同期する

Intuneの設定は、デバイスの起動時などに自動的に適用されます。環境によってはすぐに適用されないため手動で同期してみましょう。

Intuneに登録されたデバイスで、サインインしておく

[スタート]－[設定]－[アカウント]－[職場または学校にアクセスする]－[○○（アカウント名）によって接続済み]の順にクリックして展開後、[情報]をクリックする

1 [同期]をクリック　　デバイスが同期される

👍 スキルアップ
一時停止やアンインストールもできる

更新リングに対して、一時停止やアンインストールを指示すると、割り当てられたデバイスに対して更新プログラムの適用が一時的に停止されたり、インストールされた更新プログラムをアンインストールしたりできます。不具合が報告された場合などに一括で対処できます。手順3の最後の画面で、設定した更新リングの右端にある［…］をクリックすると、以下のメニューが表示されます。

［…］をクリック後、更新プログラムの一時停止やアンインストールができる

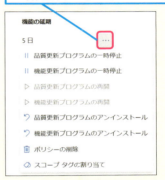

まとめ　計画的に更新を適用しよう

組織内のデバイスが管理されていない状況では、デバイスによって更新プログラムの適用状況がバラバラになってしまう恐れがあります。Intuneを活用して、組織全体のデバイスで計画的にWindows Updateによる更新が実行されるように制御しましょう。確実に脆弱性を修正し、安全な環境となります。

レッスン 62 アプリを自動的にインストールするには

インストール管理

組織のデバイスに、アプリを自動配布してみましょう。更新管理と同じく、Intuneを利用すれば指定したアプリをネットワーク経由で自動的にインストールされます。

1 配布するアプリの種類を選ぶ

アプリを配布するには、通常、事前にインストール用のプログラムを用意する必要があります。ここでは、事前準備せずすぐに利用できるOfficeアプリの配布方法を紹介します。

> レッスン61を参考に、[Microsoft Intune管理センター]画面を表示しておく

1 [アプリ] をクリック　**2** [Windows] をクリック

> 画面右に[アプリケーションの種類の選択]が表示された

3 [追加] をクリック　**4** [アプリの種類の選択] をクリック

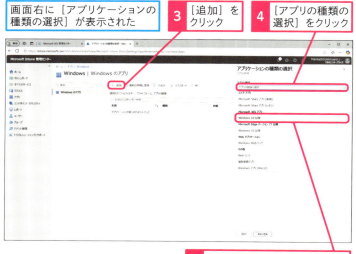

5 [Microsoft 365アプリ] の [Windows 10以降] を選択

キーワード
Intune　P.235

使いこなしのヒント
Officeアプリのライセンスは必要

自動配布する場合も、Officeアプリのライセンスは必要です。レッスン54を参考に、あらかじめ組織のユーザーに対して、Microsoft 365 Apps（Officeアプリ）が含まれたMicrosoft 365のライセンスを割り当てておきましょう。

スキルアップ
ほかのアプリを配布するには

Officeアプリ以外のほかのアプリは、Microsoft Store経由で配布するか、管理者が用意したインストールモジュールを使ってインストールするかを選択できます。前者の場合は[Microsoft Intune管理センター]からアプリを検索して登録します。後者の場合は、MSI形式のインストールファイルを用意し、[Microsoft Intune管理センター]にアップロード後、オプションなどを設定して配布します。EXEファイルの場合は複雑な手順が必要です。以下を参照してください。

▼Microsoft IntuneでのWin32アプリの管理
https://learn.microsoft.com/ja-jp/mem/intune/apps/apps-win32-app-management

● **Microsoft 365 Appsを選択する**

Microsoft 365 Appsの情報が表示された

6 [選択] をクリック

[Microsoft 365 アプリの追加] 画面が表示された

ここでは、特に設定を変更しない

7 [次へ] をクリック

2 配布するアプリの設定を行う

1 このページ2つめの使いこなしのヒントを参考に、[Officeアプリを選択する] でアプリを選択

2 [既定のファイル形式] で [Office Open XML 形式] を選択

3 [更新チャネル] で [最新チャネル] を選択

そのほかの設定は変更せずに操作を進める

[次へ] はクリックせず、次ページの言語の設定操作を進める

使いこなしのヒント
選択できるアプリの種類について

Officeアプリ以外のアプリを配布したいときは、手順1操作4の画面でアプリの種類を変更します。[Microsoft Storeアプリ（新規）] や [Webアプリケーション] などを選択できます。

使いこなしのヒント
インストールするアプリを選択するには

手順2の画面で、[Officeアプリを選択する] をクリックすると、以下のようにインストールするアプリを選択できます。WordやExcelなど必要なアプリのみを選択すれば、配布の負荷を減らせます。また、[他のOfficeアプリを選択する] からProjectやVisioなども配布できます。

1 手順2操作1の画面で [Officeアプリを選択する] のここをクリック

2 Officeアプリをクリックして選択

62 インストール管理

次のページに続く→

できる 221

●言語を追加する

3 画面を下にスクロール

4 [言語が追加されていない]をクリック　**5** [日本語]をクリック　**6** [OK]をクリック

7 すべての設定を確認
8 [次へ]をクリック

3 割り当て先を設定する

自動インストールには[必須]での割り当てが必要

1 [すべてのデバイスを追加]をクリック

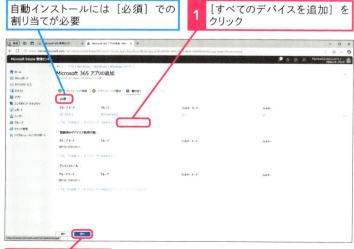

2 [次へ]をクリック

⚠ ここに注意

Officeアプリの言語設定は、画面の一番下に表示されています。設定を忘れると英語版などがインストールされてしまう可能性があるので、忘れずに[日本語]を選択しましょう。

💡 使いこなしのヒント
アプリの設定もできる

手順2操作7の画面では、Officeアプリのさまざまな設定ができます。[規定のファイル形式]ではファイルの保存形式を、[更新チャネル]ではOfficeアプリの更新頻度が選択できます。

💡 使いこなしのヒント
[割り当て]で[必須]を指定する

デバイスに自動的にアプリをインストールしたい場合は、手順3操作1の画面で[割り当て]の[必須]から対象を指定します。[登録済みデバイスで使用可能]に設定すると、ユーザーのインストール操作が必要になるので注意が必要です。

●設定を確認して登録する

構成の一覧が表示された

3 [作成]をクリック

アプリの配布設定が登録された

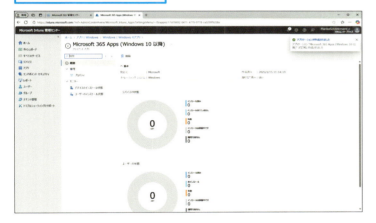

4 自動インストールを確認する

Intuneの設定情報がデバイスと同期されると、アプリがインストールされます。Intuneに登録されているデバイスで以下の画面を確認すると、指定したOfficeアプリを確認できます。

Intuneに登録されたデバイスで、サインインしておく

1 [スタート] - [すべて] の順にクリック

[すべて] 画面で [Word] などのOfficeアプリがインストールされていることを確認する

使いこなしのヒント
グループに割り当てるには

ここでは、割り当て先としてすべてのデバイスを対象にしています。もしも、特定のメンバーのデバイスに配布したいときは、手順3操作1の画面にある[必須]で[グループの追加]をクリックし、配布するグループ（セキュリティグループ）を指定します。

ここに注意

アプリが自動的にインストールされるまでに時間がかかることがあります。インストールされない場合は、しばらく待ってみましょう。

まとめ 業務に必要なアプリを自動的に展開できる

Intuneを利用すると、Officeアプリなど、組織の業務に必要なアプリを自動的にデバイスに展開できます。複数台のデバイスへ自動的に展開されるので、ユーザーや管理者の手を煩わせることはありません。ただし、すべてのアプリを展開するのは現実的ではないので、必要なアプリのみを展開しましょう。

62 インストール管理

レッスン 63 組織の情報を保護するには

秘密度ラベル

Purview（パービュー）を利用して、大切な組織の情報を管理しましょう。内部からの情報漏洩や、データの紛失を防げます。

1 秘密度ラベルの設定を開始する

ここでは、文書を「社外秘」として扱う方法を解説します。秘密度ラベルを設定することで、自動で文書に透かしを入れたり、暗号化して社外のユーザーがファイルを開けないように制限したりできます。

レッスン53を参考に、[Microsoft 365管理センター] 画面を表示しておく

1 [コンプライアンス] をクリック

[コンプライアンス] の項目が表示されないときは、[すべて表示] をクリックする

新しいタブで [Microsoft Purview] 画面が表示された

2 [ソリューション] をクリック

3 [Microsoft Information Protection] をクリック

4 [秘密度ラベル] をクリック

5 [ラベルの作成] をクリック

キーワード

Purview	P.235
秘密度ラベル	P.237

使いこなしのヒント
Purviewでできること

Purviewは、データのセキュリティ、ガバナンス、コンプライアンスをまとめて管理できるソリューションです。データが存在する場所を問わず、組織がデータを管理・保護するための機能が提供されます。具体的には以下です。

・組織全体のデータを可視化する
・機密データがどこにあっても保護および管理する
・重要なデータリスクと法的な規制要件を管理する

使いこなしのヒント
[ソリューション] から選択する

Purviewは、多彩なデータ管理機能を [ソリューション] として提供します。手順1操作2の画面にある一覧から選択できます。例えば、AIのデータセキュリティを管理する [AI用DSPM]、内部からの情報漏洩を監査する [インサイダーリスク管理]、組織で法令に従ったデータ管理がなされているかを管理する [コンプライアンスマネージャー] などがあります。

活用編 第8章 高度な管理機能を活用しよう

● ラベルを作成する

[新しい秘密度ラベル]画面が表示された

6 名前を入力
7 表示名を入力
8 [ユーザー向けの説明]に用途説明を入力
9 [次へ]をクリック

2 秘密度ラベルの範囲を設定する

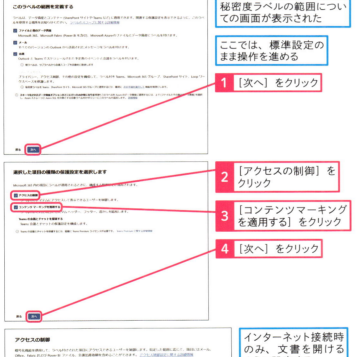

秘密度ラベルの範囲についての画面が表示された

ここでは、標準設定のまま操作を進める

1 [次へ]をクリック

2 [アクセスの制御]をクリック
3 [コンテンツマーキングを適用する]をクリック
4 [次へ]をクリック

インターネット接続時のみ、文書を開けるように設定する

5 [オフラインアクセスを許可する]を[許可しない]に変更
6 [アクセス許可の割り当て]をクリック

使いこなしのヒント
[秘密度ラベル]って何?

秘密度ラベルは、文書をどのように扱うべきかを明確にし、そのルールを設定できる機能です。[機密情報][社外秘][一般][公開][個人用]など、文書作成時に秘密度ラベルを選択すると、それぞれのラベルに従って、アクセス制御やコンテンツマーキングを適用できます。

使いこなしのヒント
メールなどにも適用できる

秘密度ラベルは、Officeアプリの文書だけでなく、Microsoft 365に保存されているデータ、メールや会議などにも設定できます。

使いこなしのヒント
アクセス許可をユーザーが選択することもできる

手順2操作5の画面で、[アクセス許可を今すぐ割り当てる]をクリックして、[ラベルを適用するときにユーザーがアクセス許可を割り当てられるようにする]に変更すると、ラベルを設定する際、誰にアクセスを許可するかを文書の作成者が選択できます。文書ごとにアクセスできる人を柔軟に設定したいときに選択します。

次のページに続く →

できる 225

● アクセス許可を割り当てる

［アクセス許可の割り当て］画面が表示された

7 ［組織内のすべてのユーザーとグループを追加する］をクリック

8 ［保存］をクリック

右側の画面が閉じた後、［アクセスの制御］画面で［次へ］をクリックする

［コンテンツのマーキング］画面が表示された

9 ［コンテンツのマーキング］のここをクリックしてオンに設定

10 ［透かしの追加］をクリック

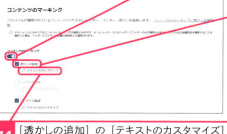

11 ［透かしの追加］の［テキストのカスタマイズ］をクリック

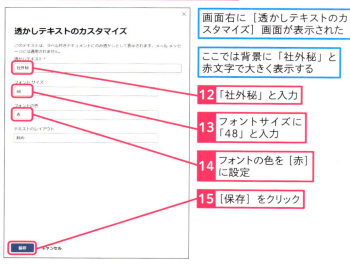

画面右に［透かしテキストのカスタマイズ］画面が表示された

ここでは背景に「社外秘」と赤文字で大きく表示する

12 「社外秘」と入力

13 フォントサイズに「48」と入力

14 フォントの色を［赤］に設定

15 ［保存］をクリック

使いこなしのヒント
ユーザーやグループも選択できる

ここでは、手順2操作8の画面で［組織内のすべてのユーザーとグループを追加する］を選択し、組織内部のメンバーだけがファイルを開ける（外部のユーザーは開けない）ように設定しています。もしも、人事部のみ、経理部のみなど、特定のグループだけが開けるように設定したいときは、［ユーザーまたはグループを追加する］を選択します。

使いこなしのヒント
［コンテンツのマーキング］って何？

コンテンツのマーキングとは、文書のヘッダーやフッター、透かしとして自動的に入力する文字列です。文書の背景に［社外秘］と表示したり、ヘッダーやフッターに文書を取り扱ううえでの注意事項を記載したりできます。

ここに注意

手順2操作13の画面では、透かしとして入力する文字を設定しています。標準ではフォントサイズが「10」に設定されています。表示される文字が非常に小さいので、忘れずにフォントサイズを変更しておきましょう。

3 設定を確認して適用する

コンテンツのマーキング方法が設定できた

1 ［次へ］をクリック

［ファイルとメールのラベル付け］画面で［次へ］をクリックする

［グループとサイトの保護設定を定義］画面で［次へ］をクリックする

［設定を確認して完了］画面が表示された

2 設定内容を確認

3 ［ラベルを作成］をクリック

秘密度ラベルが作成できた　　続けて、ラベルを発行する

4 ［このラベルを発行する］をクリック

使いこなしのヒント
ヘッダーやフッターは必要に応じて

ここでは、透かしとフッター（文書下部）にテキストを追加していますが、すべて設定する必要はありません。文書によっては、透かしだけ、ヘッダーだけなど、いずれかのみを設定すれば問題ありません。

使いこなしのヒント
設定を修正するには

手順3操作2の画面で、設定を確認した際、間違っている部分を見付けたときは、各項目の［編集］をクリックして修正しましょう。

使いこなしのヒント
いろいろなラベルを作っておこう

ここでは［社外秘］の秘密度ラベルのみを作成しましたが、同様の手順でほかの秘密度ラベルも作成できます。運用方法次第ですが、経営層のみが表示できる［機密情報］などを作成したり、逆に公開文書用の［公開］などを作成したりするといいでしょう。

④ 公開ポリシーを設定する

秘密度ラベルは、作成しただけでは利用できず、利用可能なユーザーやグループを指定した「公開ポリシー」を作成する必要があります。ここでは、すべてのユーザーにラベルを発行する「公開ポリシー」を設定します。

> **画面右に［発行する秘密度ラベル］画面が表示された**

> **1** 発行するラベルをクリック

> **2** ［追加］をクリック

> ［発行する秘密度ラベル］画面が閉じた後、［発行する秘密度ラベルを選ぶ］画面で［次へ］をクリックしておく

> **管理単位についての画面が表示された**

> **3** ［次へ］をクリック

> **標準ではすべてのユーザーとグループに発行される**

> **4** ［次へ］をクリック

> ここではラベルの変更時に理由の入力を必須にする

> **5** ［ユーザーは、ラベルを削除したり、ラベルの分類を下位のものにしたりする場合に、理由を示す必要があります］をクリック

> **6** ［次へ］をクリック

💡 使いこなしのヒント

公開ポリシーは後からでも設定できる

前ページの秘密度ラベルの設定画面を閉じてしまった場合は、手順1操作4の画面を表示し、［ポリシー］-［公開ポリシー］の順にクリックし、［ラベルを発行］をクリックすると、公開ポリシーを作成できます。

💡 使いこなしのヒント

管理単位の設定には上位ライセンスが必要

管理単位とは、Microsoft 365の組織を小さなユニットに分割して、ユニットごとに管理者を設定する方法です。管理単位を利用するには、Microsoft 365 E5のライセンスが必要です。

💡 使いこなしのヒント

特定のグループに発行するには

秘密度ラベルを特定のグループにのみ配布したい場合は、手順4操作4の画面で［ユーザーとグループ］の［編集］をクリックしてグループを選択します。例えば、［人事情報］ラベルを人事部のみに配布することなどができます。

活用編　第8章　高度な管理機能を活用しよう

228　できる

●既定のラベルについて確認する

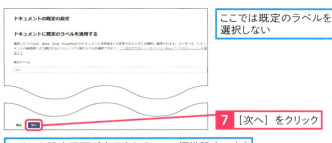

ここでは既定のラベルを選択しない

7 ［次へ］をクリック

いくつか設定画面が表示されるので、標準設定のまま［次へ］をクリックして操作を進める

5 公開ポリシーに名前を付けて送信する

［ポリシーの名前を設定する］画面が表示された

1 名前を入力　2 ［次へ］をクリック

［確認と完了］画面が表示された　3 設定内容を確認

4 ［送信］をクリック　しばらくすると、ラベルがユーザーに自動的に配布される

使いこなしのヒント
規定の設定を選択できる

手順4操作7の画面で［規定のラベル］を選択すると、組織のメンバーが文書を作成する際に選択した秘密度ラベルが自動的に適用されます。ただし、［社外秘］などの秘密度ラベルを標準で適用すると、ユーザーが取引先に送る文書を作成する場合などにも［社外秘］に設定されてしまいます。文書を共有できなくなる恐れがあるので慎重に設定しましょう。

まとめ　文書を暗号化して保護する

秘密度ラベルは、情報の機密性や取り扱いの厳格さによって文書を分類できる機能です。Officeアプリで、設定したい機密度ラベルを選択するだけで、文書を暗号化したり、開けるユーザーを制限したりできます。組織で保護したい文書用の秘密度ラベルを作成し、すべてのユーザーが使えるように公開しましょう。

レッスン 64 Office文書に秘密度ラベルを設定するには

秘密度ラベルの利用

Office文書に秘密度ラベルを設定してみましょう。秘密度ラベルが公開されると、ユーザーが使っているOfficeアプリのリボンから［秘密度］をクリックして作成した秘密度ラベルを設定できます。

キーワード
秘密度ラベル　　　　P.237

使いこなしのヒント
有効になるまでに時間がかかる

秘密度ラベルは、Purviewでの公開後、すぐに利用できるわけではありません。まだ発行されていない場合、［秘密度］がグレーアウトして表示されます。環境にもよりますが、使えるようになるまで数時間から1日ほど時間がかかることがあります。

1 秘密度ラベルで文書を保護する

ここではWord文書にラベルを適用する

Wordを起動し、秘密度ラベルを設定したい文書を表示しておく

1 ［秘密度］をクリック

ラベルが発行されるまでは時間がかかる

2 適用したいラベルをクリック

使いこなしのヒント
秘密度ラベルを取り消すには

秘密度ラベルは取り消すことはできません。その代わり、別のラベルを設定できます。このため、［個人用文書］や［一般］などの特に制限を設定していない秘密度ラベルも作成しておくことをおすすめします。

● ラベルが適用され文書が保護された

ラベルが適用された | 設定した透かしが自動的に適用される

2 秘密度ラベルが設定された文書を開く

秘密度ラベルが設定された文書を開く場合はサインインが要求されます。今回は、組織のメンバーが開けるように設定したため、組織のメンバー以外がサインインするとアクセスが拒否されます。

ここでは、秘密度ラベルが設定されたファイルを、組織以外のアカウントで開く ｜ [サインイン] 画面が表示された

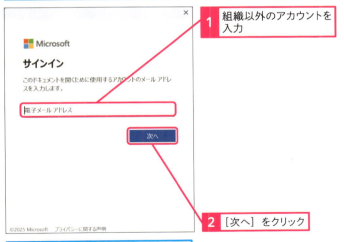

1 組織以外のアカウントを入力

2 [次へ] をクリック

組織のアカウントでサインインしないと、ファイルが表示できない

[アカウントの追加] をクリックして組織のアカウントでサインインする

使いこなしのヒント
アクセス状況を追跡できる

秘密度ラベルを設定した後、[秘密度] から [アクセスの追加と取り消し] をクリックすると、Purviewの画面が表示され、文書に対するアクセスの履歴や拒否された回数などを確認できます。また、ファイルへのアクセスを取り消すこともできます。

使いこなしのヒント
コピーしても秘密度ラベルが維持される

設定した秘密度ラベルは、ファイルをコピーしても維持されます。コピーされたファイルでも、同じ秘密度ラベルが維持され、設定された条件に従ってファイルが扱われます。

まとめ 手軽に文書を社外秘に設定できる

秘密度ラベルを利用すると、リボンから選択するだけで、簡単に文書を社外秘などに設定できます。もちろん、単に透かしが入るだけではありません。ファイルは暗号化され、許可されたユーザーでないとアクセスできなくなります。組織で扱う重要な文書を保護するために活用するといいでしょう。

レッスン 65 Copilotを利用するには

Copilot

Microsoft 365で、生成AIサービスのMicrosoft 365 Copilotを使用します。ここでは、Microsoft 365 Copilotの概要と組織のMicrosoft 365環境で、Microsoft 365 Copilotを有効にする方法を紹介します。

🔍 キーワード

Copilot Studio	P.235
Microsoft 365 Copilot	P.235

💡 使いこなしのヒント
どのアプリで使えるの？

Microsoft 365 Copilotは、Word、Excel、PowerPoint、Outlook、Teams、Loop、OneNoteの各アプリで利用できます。また、OneDriveやSharePoint、Planner、Forms、Whiteboardなどのサービスでも利用可能です。

Microsoft 365 Copilot って何？

Microsoft 365 Copilotは生成AIを利用した生産性向上ツールです。一般的なAIチャットのほか、Officeアプリ、OneDriveなどのMicrosoft 365のサービスでAIアシスタントを活用したさまざまな作業ができます。例えば、Microsoft 365のメールや文書などのデータを横断的に検索して重要な情報や自分に対してのタスクを確認したり、Outlookの長く続いたメールのスレッドを要約したり、企画書のアイデアや取引先へのメールの下書きを助けてもらったり、ビデオ会議の要約確認や聞き逃したことの質問をしたりできます。Microsoft 365のアプリやサービスでの頼りになる優秀なアシスタントです。

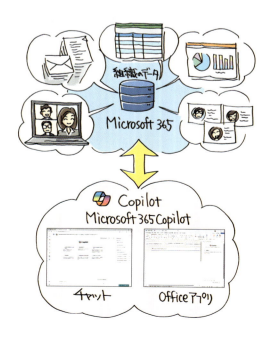

💡 使いこなしのヒント
個人用のCopilot Proと何が違うの？

Microsoftの生成AIサービスには個人用の「Copilot Pro」というサービスも存在します。このサービスと組織向けのMicrosoft 365 Copilotの最大の違いは、組織の情報を扱えるかどうかです。Microsoft 365 Copilotでは、OneDriveに保存された文書やTeamsの会議など、Microsoft 365上に保存された組織のデータを基に回答を生成できます。これにより、プロジェクトや業務マニュアルなどについて質問できます。

1 Microsoft 365 Copilotを利用する

Microsoft 365 Copilotを有効にするには、サブスクリプションの購入とライセンスの割り当てが必要です。サブスクリプションは、[Microsoft 365管理センター]の[マーケットプレース]または[サービスを購入する]から購入できます。購入後は以下のようにMicrosoft 365 Copilotのライセンスを有効化しましょう。ここではダイジェストで設定方法を紹介します。

レッスン53を参考に、[Microsoft 365管理センター]画面を表示しておく

1 [マーケットプレース]をクリック
2 「copilot」と入力して検索

3 [Microsoft Copilot for Microsoft 365]の[詳細]をクリック

表示された画面で、ライセンス数、契約期間、支払い方法などを選択して、ライセンスを購入しておく

レッスン54を参考に、[アクティブなユーザー]画面を表示しておく

4 ライセンスを割り当てたいユーザーをクリック
5 [ライセンスとアプリ]タブをクリック

6 [Copilot for Microsoft 365]を選択
7 画面下の[変更の保存]をクリック

ライセンスが割り当てられたユーザーで自動的にCopilot for Microsoft 365が有効化される

👍 スキルアップ
独自のエージェントも作成できる

Copilot Studioと呼ばれる、Microsoft 365 Copilot向けの開発ツールを利用すると、組織の業務に特化したAIチャットアプリ(エージェント)を作成できます。例えば、イントラネットの情報や業務マニュアルの内容について回答するエージェントを作成できます。

💡 使いこなしのヒント
価格について知りたいときは

Microsoft 365 Copilotの価格は、2025年1月時点では1ユーザーあたり月額4,497円(税抜き、年間サブスクリプション)です。変動する可能性があるため、詳細は公式サイトを参照してください。

▼Microsoft 365 Copilot
https://www.microsoft.com/ja-jp/microsoft-365/copilot

💡 使いこなしのヒント
セキュリティは大丈夫?

Microsoft 365 Copilotは、組織の情報を参照しますが、その情報を学習に利用することはありません。また、組織ごとに区切られた個別の領域でデータが管理されているため、第三者が組織の情報にアクセスする心配もありません。

👉 まとめ 新しい働き方を試そう

Microsoft 365 Copilotは、Microsoft 365で提供されているアプリやサービスと密接に関係する生成AIサービスです。メールや保存された文書、ユーザー情報などに基づいて回答を生成するため、組織の業務内容に従った回答を提示してくれます。Officeアプリから直接利用できるため、生成AIに慣れていない人でも簡単に生成AIの能力を活用できます。

この章のまとめ

管理の手間を減らす工夫をしよう

Microsoft 365には、さまざまな管理機能が搭載されています。この章では、その一部として、Windowsの更新管理、アプリの配布、秘密度ラベルを使った情報保護機能を紹介しました。これらの機能は、簡単に設定できる一方で、管理の手間を減らす効果が大きいおすすめの機能です。ぜひ設定しておきましょう。管理センターには、ほかにもたくさんの管理機能が用意されています。もちろん、すべて使いこなすのは難しいですが、組織の利用状況に合わせて、少し設定を変えたりしながら、何ができるのかを試してみましょう。

Intuneで管理するにはデバイスの接続が必要

秘密度ラベルで文書を保護できる

管理機能を活用すれば、管理が楽になり、情報保護にも役立てられるのだけれど、ちょっと難しかったかな?

機能がたくさんありすぎて、ちょっと混乱していますが、便利そうだということは分かりました。

秘密度ラベルは、情報管理にとても便利そうです。重要なファイルを保護するのに活用したいです。

用語集

Copilot Studio（コパイロット スタジオ）
MicrosoftのAI支援ツール。組織に合った独自のチャットアプリなどを開発できる。

CSV（シーエスブイ）
データをカンマ記号（「,」）で区切ったテキスト形式のファイル。

Forms（フォームス）
アンケートやクイズを簡単に作成・共有できるMicrosoft 365のサービス。

Intune（インチューン）
Microsoft 365で提供されているサービスの1つ。クラウドからデバイスやアプリを一元管理できる。

Lists（リスト）
Microsoft 365で提供されているリスト作成・管理ツール。タスク管理や資産管理などのアプリを簡単に作れる。

MFA（エムエフエー）
Multi-Factor Authenticationの略。パスワードに加えて、ほかの方法も併用した複数の認証方法を使ってユーザーを認証するしくみ。顔認証や認証アプリなどで本人確認する。

Microsoft 365 Apps（マイクロソフト 365 アップス）
Microsoft 365に含まれるOfficeアプリ群。Word、Excel、PowerPointなどのアプリをまとめた総称。

Microsoft 365 Copilot
（マイクロソフト 365 コパイロット）
Microsoftが提供するAIアシスタント機能。一般的なチャットに加えて、アプリなどで利用でき、作業の効率化をサポートする。

Microsoft 365管理センター
（マイクロソフト 365 カンリセンター）
Microsoft 365のシステムやサービスを管理するためのWebインターフェースのこと。管理者がアクセスできる。

Microsoft Edge（マイクロソフト エッジ）
Microsoftが提供するWebブラウザー。Windowsに標準で搭載されている。

Microsoft Entra（マイクロソフト エントラ）
Microsoft 365上で提供されるID、アクセス管理をプラットフォーム。ユーザーやグループを登録し、権限によってアクセスを制御する。

OneDrive（ワンドライブ）
Microsoftが提供するクラウドストレージサービス。データの保存やバックアップ、外部との共有などができる。

Outlook(classic)（アウトルック クラシック）
以前から提供されてきたMicrosoftのメール・カレンダーアプリ。旧来の機能の一部はこのバージョンでしか使えないことがある。

Outlook(new)（アウトルック ニュー）
新しいデザインと機能を搭載したWebベースのOutlookアプリ。単に「Outlook」と呼ぶこともある。新機能をいち早く利用できる。

Planner（プランナー）
タスク管理やチームの進捗状況をカンバン方式などで視覚化できるMicrosoft 365のサービス。

Power Automate（パワー オートメイト）
さまざまな作業を組み合わせたフローを構成して、業務を自動化できるMicrosoft 365のサービス。

Purview（パービュー）
データガバナンスとリスク管理を支援するためのMicrosoft 365のサービス。情報漏洩防止やデータ損失を防げる。

SharePoint（シェアポイント）

ファイル共有や共同作業を効率化するMicrosoft 365のクラウドサービス。イントラネットやファイルサーバーの代わりとして利用できる。

Teams（チームス）

Microsoft 365で提供されるコミュニケーションツールの1つ。ビデオ会議やチャットなどに利用する。

Teams Premium（チームス プレミアム）

Teamsの高度な機能を提供する有料プラン。ビデオ会議の要約などの機能を利用できる。

Vivaインサイト（ビバ インサイト）

職場の生産性や従業員のウェルビーイング（身体的、精神的、社会的に良好である状態）を向上させるMicrosoft 365のサービス。

Web版のOffice（ウェブ バンノ オフィス）

ブラウザーで利用可能なOfficeアプリのこと。パソコンにアプリをインストールしなくてもWordやExcelなどを利用できる。

Windows 11 Pro（ウィンドウズ イレブン プロ）

企業向け機能を備えたWindows 11のエディション。Microsoft 365のデバイス管理機能を利用するために必要。

Zero-Trust（ゼロ-トラスト）

すべてのアクセスや操作を「信頼しない」前提で、あらゆる場所で検証と承認を行うセキュリティモデル。重要な情報やシステムを保護するために、内部でも外部でもすべてのアクセスは厳重にチェックされる。

アナウンス

Teamsの投稿機能の1つ。目立つ見出しを設定することで、情報やニュースを広く伝える。

アバター

オンライン上で使用される仮想のキャラクター。Teamsでは自分の映像の代わりに利用できる。

ガバナンス

組織やプロジェクトの管理体制や規範のこと。意思決定のプロセスや方針、責任の所在を明確にして、目標達成に向けて統一的かつ効率的に行動できる。

共同作業

複数人が協力して行う業務。Officeアプリで同じファイルを同時に開いて、複数人で編集できる。

共有メールボックス

複数ユーザーで共有するメールアカウントのこと。組織への問い合わせ先やサポート対応窓口などに利用できる。

クラウド

インターネットを通じて提供されるコンピューティングサービスのこと。計算資源、アプリ、AIサービスなど、さまざまな機能が提供される。

グローバルアドレス帳

組織内のすべての連絡先情報を集約したリストのこと。Microsoft 365に登録されたユーザーを参照できる。

グローバル管理者

Microsoft 365のすべての権限をもつ管理者の役割のこと。重要な役割なので厳重に管理する。

サイト

SharePointでは、組織内の情報を整理し、共同作業を促進するためのWebページや関連情報を集めたもの。

サブドメイン

メインドメインの下位に位置するドメイン名。例えば、「dekiruent.onmicrosoft.com」の「dekiruent」の部分。

透かし

文書や画像に挿入される識別用のマークのこと。本来のデータと重なるように薄く「社外秘」などのテキストが挿入される。

タスク
達成すべき作業ややるべきこと、目標などのこと。OutlookやPlannerで管理できる。

チーム
Teamsで導入されている概念の1つ。共通の目標やタスクによってまとめられた人々のグループのこと。

チャネル
Teamsで導入されている概念の1つ。特定の話題やプロジェクトごとに用意される作業スペースのこと。

テナント
Microsoft 365の管理単位のこと。クラウド環境内の顧客単位での管理領域を指す。

デバイス管理
組織で利用されているパソコンやスマートフォンなどの端末を監視・制御するしくみのこと。

テンプレート
文書やデザイン、アプリなどのひな形のこと。デザインや機能などがある程度実装済みの状態で提供され、すぐに利用したり、カスタマイズしたりしやすい。

ドメイン
Webサイトやメールアドレスなどで使われるインターネット上の住所のようなもの。一般的には「dekiruent.com」のように独自の組織名などを使う。

トランスクリプト
音声や動画から、話した言葉などを認識し、テキストデータに変換すること。

バージョン履歴
ファイルや文書の過去の状態を保管した変更記録のこと。文書などが変更される前の状態に戻せる。

秘密度ラベル
情報の機密性を示すラベル機能。「社外秘」など文書の扱い方によってラベルを設定することで漏洩を防止することなどができる。

ブレークアウトルーム
Teamsのビデオ会議機能の1つ。会議中に、メンバーをグループごとに分割し、別々のスペースで会議を続行できる。

フロー
複数のタスクやプロセスを組み合わせて処理すること。Power Automateでは複数のサービスを組み合わせて複雑な処理ができる。

プロファイル
ユーザー情報や設定をまとめたもの。Microsoft Edgeでは、ユーザーアカウントごとに環境や設定を切り替えて利用できる。

ポータル
情報やサービスを集約したサイトのこと。Microsoft 365では、提供される各機能にアクセスするための玄関口となる。

ホワイトボード
手書きのイラストや文字などを書き込めて、オンラインで共有できるサービスのこと。

マーケットプレース
Microsoft 365でライセンスなどを追加購入する際に利用する機能のこと。

リソース
Microsoft 365で管理可能な設備の総称。会議室や社用車などを管理できる。

リボン
WordやExcelなどのOfficeアプリケーション上部に表示されているメニューのこと。

連絡先グループ
複数の宛先に一斉に配信できるOutlookの機能の1つ。複数のメールアドレスをまとめたリスト。

ロビー
Teamsでオンライン会議の参加者を確認したり、参加の可否を判断したりするための待機スペース。

用語集

索引

■アルファベット

AI	18
CNAMEレコード	187
Copilot	232
Copilot Studio	233, 235
CSV	159, 235
DNS	183
Forms	25, 164, 166, 170, 235
Intune	189, 210, 235
Lists	158, 160, 235
MFA	41, 48, 214, 235
Microsoft 365	20, 22, 32, 34
Microsoft 365 Apps	221, 235
Microsoft 365 Copilot	19, 232, 235
Microsoft 365管理センター	180, 192, 235
Microsoft Edge	40, 235
Microsoft Entra	202, 235
MXレコード	187
Office	22, 33, 39, 44, 46, 139
OneDrive	24, 106, 128, 130, 235
Outlook	54, 58, 235
Planner	122, 175, 235
Power Automate	25, 172, 174, 235
Purview	224, 235
RPA	25
SharePoint	24, 106, 129, 140, 236
Teams	23, 86, 90, 236
Teams Premium	88, 236
TXTレコード	183
Viva	24, 58, 236
Web版のOffice	44, 236
Windows 11 Pro	38, 210, 236
Zero-Trust	18, 236

■カナ

アカウント管理	26
アセットマネージャー	163
アップデート	49
アナウンス	105, 236
アバター	111, 120, 236
アプリの追加	120
アンケート	25, 107, 164
インストール管理	220
会議	23, 73, 108, 113, 116
会議室	200
カスタムドメイン	180, 182
ガバナンス	224, 236
管理者アカウント	180
共同作業	24, 136, 236
業務アプリ	25, 156
共有	134
共有メールボックス	64, 236
クラウド	20, 236
グループの追加	196
グローバルアドレス帳	77, 236
グローバル管理者	195, 236
更新設定	216
サイト	23, 148, 236
サインイン	44, 213
サブドメイン	36, 236
資産管理アプリ	160
透かし	224, 236
スケジュールアシスタント	72
セットアップ	180
セルフパスワードリセット	27, 202
タスク	80, 237
多要素認証	41, 48, 211, 214
チーム	86, 94, 237
チャット	23, 114, 118
チャネル	86, 98, 237
テナント	20, 237
デバイス管理	26, 38, 188, 210, 237
テンプレート	159, 165, 169, 174, 237
同期	131, 144, 146
ドメイン	32, 36, 237
トランスクリプト	112, 237
バージョン履歴	152, 237
バックアップ	132
パブリック	86, 95
秘密度ラベル	224, 230, 237
ファイル投稿	106
復元	150, 152
プライベート	86, 95
ブレークアウトルーム	114, 237
フロー	174, 237
プロファイル	40, 237
ポータル	45, 237
ポリシー	27, 228
ホワイトボード	113, 237
マーケットプレース	89, 233, 237
マイアカウント	46
メール	23, 56, 60, 63
メッセージ	102
モデレーター	101
ユーザーの追加	192
予定表	23, 70
リソース	200, 237
リボン	58, 237
利用状況	204
リンク共有	134
レコーディング	112
連絡先	76
連絡先グループ	78, 237
ロビー	111, 237
ワークフロー	101, 158, 163

■著者

清水理史（しみず まさし）　mshimizu@shimiz.org

1971年東京都出身のフリーライター。雑誌やWeb媒体を中心にOSやネットワーク、ブロードバンド関連の記事を数多く執筆。「INTERNET Watch」（https://internet.watch.impress.co.jp/）にて「イニシャルB」を連載中。主な著書に『できるWindows 11』『できるWindows 11 パーフェクトブック 困った！＆便利ワザ大全』『できるCopilot in Windows』『自分専用AIを作ろう！カスタムChatGPT活用入門』『できるUiPath StudioX はじめての業務RPA』『できるはんこレス入門PDFと電子署名の基本が身に付く本』『できるChatGPT』などがある。

STAFF

シリーズロゴデザイン	山岡デザイン事務所<yamaoka@mail.yama.co.jp>
カバー・本文デザイン	伊藤忠インタラクティブ株式会社
本文イメージイラスト	原田 香
編集制作	株式会社トップスタジオ
デザイン制作室	今津幸弘<imazu@impress.co.jp>
	鈴木 薫<suzu-kao@impress.co.jp>
編集	西田康一<nisida-k@impress.co.jp>
編集長	富樫真樹<togashi@impress.co.jp>
オリジナルコンセプト	山下憲治

本書のご感想をぜひお寄せください　https://book.impress.co.jp/books/1124101103

「アンケートに答える」をクリックしてアンケートにご協力ください。アンケート回答者の中から、抽選で図書カード（1,000円分）などを毎月プレゼント。当選者の発表は賞品の発送をもって代えさせていただきます。はじめての方は、「CLUB Impress」へご登録（無料）いただく必要があります。　※プレゼントの賞品は変更になる場合があります。

■商品に関する問い合わせ先

このたびは弊社商品をご購入いただきありがとうございます。本書の内容などに関するお問い合わせは、下記のURLまたは二次元バーコードにある問い合わせフォームからお送りください。

https://book.impress.co.jp/info/

上記フォームがご利用いただけない場合のメールでの問い合わせ先

info@impress.co.jp

※お問い合わせの際は、書名、ISBN、お名前、お電話番号、メールアドレス に加えて、「該当するページ」と「具体的なご質問内容」「お使いの動作環境」を必ずご明記ください。なお、本書の範囲を超えるご質問にはお答えできないのでご了承ください。

●電話やFAXでのご質問には対応しておりません。また、封書でのお問い合わせは回答までに日数をいただく場合があります。あらかじめご了承ください。
●インプレスブックスの本書情報ページ https://book.impress.co.jp/books/1124101103 では、本書のサポート情報や正誤表・訂正情報などを提供しています。あわせてご確認ください。
●本書の奥付に記載されている初版発行日から3年が経過した場合、もしくは本書で紹介している製品やサービスについて提供会社によるサポートが終了した場合はご質問にお答えできない場合があります。

■落丁・乱丁本などの問い合わせ先

FAX　03-6837-5023

service@impress.co.jp

※古書店で購入された商品はお取り替えできません。

できる Microsoft 365 Business/Enterprise対応 改訂版

2025年3月21日　初版発行

著　者　清水理史 ＆ できるシリーズ編集部

発行人　高橋隆志

編集人　清水栄二

発行所　株式会社インプレス
　　　　〒101-0051　東京都千代田区神田神保町一丁目105番地
　　　　ホームページ　https://book.impress.co.jp/

本書は著作権法上の保護を受けています。本書の一部あるいは全部について（ソフトウェア及びプログラムを含む）、株式会社インプレスから文書による許諾を得ずに、いかなる方法においても無断で複写、複製することは禁じられています。

Copyright © 2025 Masashi Shimizu and Impress Corporation. All rights reserved.

印刷所　株式会社広済堂ネクスト

ISBN978-4-295-02131-5 C3055

Printed in Japan